奶牛高效饲养与牛奶质量提升研究

操礼军　祖农江·阿布拉　曹宏斌　著

U0253995

天津出版传媒集团

天津科学技术出版社

图书在版编目（CIP）数据

奶牛高效饲养与牛奶质量提升研究 / 操礼军, 祖农江·阿布拉, 曹宏斌著. –– 天津：天津科学技术出版社, 2023.3

ISBN 978-7-5742-0955-8

Ⅰ.①奶… Ⅱ.①操… ②祖… ③曹… Ⅲ.①乳牛 – 饲养管理 – 研究 ②牛奶 – 质量管理 – 研究 Ⅳ. ①S823.9 ②TS252.2

中国国家版本馆CIP数据核字(2023)第048193号

奶牛高效饲养与牛奶质量提升研究
NAINIU GAOXIAO SIYANG YU NIUNAI ZHILIANG TISHENG YANJIU

责任编辑：杨　譞
责任印制：兰　毅

出　　　版：**天津出版传媒集团**
天津科学技术出版社
地　　　址：天津市西康路35号
邮　　　编：300051
电　　　话：（022）23332490
网　　　址：www.tjkjcbs.com.cn
发　　　行：新华书店经销
印　　　刷：定州启航印刷有限公司

开本 710×1000　1/16　印张 14.25　字数 223 000
2023年3月第1版第1次印刷
定价：78.00元

编委会成员

前　言

　　自 1949 年中华人民共和国成立至今，中国畜牧业历经风雨并逐步壮大，已经从家庭副业成长为农业和农村经济的支柱产业，畜牧业的快速发展推动着畜产品供给开始从严重匮乏转变为充足供应，为改善中国城乡居民膳食结构和营养水平、促进农村经济发展和农牧民增产创收、保障国家食品安全、社会的稳定发展做出了历史性的贡献。

　　进入 21 世纪以来，中国社会和经济的快速发展，使中国民众的人均消费量不断增加，全国人均乳品消费量同样在不断增加。这也意味着随着民众的收入和消费水平的增长，中国潜在的牛奶消费市场在不断增大，中国牛奶产业的发展时机已经成熟。而且随着民众的收入水平和消费水平的快速提高，民众对牛奶营养和质量的要求开始不断提高。

　　在这样的背景下，市场的要求和发展对中国奶牛养殖业和牛奶及乳制品生产业的发展提出了更高的要求，以提高奶牛饲养管理水平为方向的奶牛高效饲养技术和牛奶质量提升技术开始受到广泛关注。奶牛饲养作为畜牧业中较为关键的一部分，需要注重组织模式和饲养模式的优化调整，通过奶牛饲养的管理创新、发挥自主育种机制、提高产业核心竞争力、推进规模化标准化奶牛养殖，才能够快速推动奶牛养殖产业的快速发展。

　　本书就是以提高奶牛饲养管理水平、提升牛奶生产质量为目标，针对中国奶牛产业的发展特性和奶牛品种的生产性能特性，进行的有效提升饲养技术和牛奶质量的研究。本书以初步认识奶牛与奶牛饲养选择、奶牛养殖场的设计与建设、奶牛的营养需求与饲料供应、奶牛的高效饲养管理、奶牛的高效繁殖技术、奶牛的保健管理与疾病防治、牛奶质量提升管理技术七章内容对奶牛品种、奶牛生理认知、奶牛生产性能、奶牛消化生理和营养需求、饲料营养搭配提高奶牛产奶量、针对性奶牛饲养管理、奶牛品种改良诉求下的高效繁殖、奶牛的日常保健和疾病防治等进行了综合分析和研究，并提出了有效提高生鲜牛奶质量的手段和方法。

　　本书由操礼军、祖农江、曹宏斌共同撰写完成，其中初步认识奶牛与奶牛饲养选择和奶牛养殖场的设计与建设两章内容由祖农江主笔撰写，共计 6 万字；奶牛的营养需求与饲料供应、奶牛的高效饲养管理、奶牛的高效繁殖技术三章内容由操礼军主笔撰写，共计 10 万字；奶牛的保健管理与疾病防治、牛奶质量提升管理技术两章内容由曹宏斌主笔撰写，共计 6 万字。鉴于编著者水平有限，书中难免有不足之处，恳请各位学者及读者予以斧正。

|目　录|

第一章

初步认识奶牛
与奶牛饲养选择

第一节　常见奶牛品种及奶牛业概况

奶牛是脊索动物门、脊椎动物亚门、哺乳纲、偶蹄目、反刍亚目、牛科、牛亚科的牛属家畜，是人类在进化过程中以乳用为主要目的，最终不断驯化和培养而成的一类重要家畜，其产出的牛奶营养均衡，较为适合饮用和生产现代乳品。本节主要介绍较为常见的奶牛品种和奶牛业的发展概况。

一、常见奶牛的品种

如今全球的乳用牛品种大多数是在西欧沿海国家培育而成的，如原产于荷兰的荷斯坦牛，其特点是奶产量高，以及原产于英国的娟姗牛、更赛牛等，突出的特点分别是乳汁含量高和抗逆性较强。常见的奶牛大体可以分为两类，一类是乳用品种，即以生产牛奶为主要饲养方向的奶牛，最大特征是群体平均泌乳量高且牛奶质量高；另一类属于兼用品种，是既能够提供牛奶又具有较高肉用性能的品种。

（一）荷斯坦牛

荷斯坦牛是比较古老的乳用牛品种之一。荷斯坦牛毛色黑白相间且界线分明，形成了鲜明的黑白花片，因此也被称为黑白花牛。

文献记载，荷斯坦牛约有 2 000 年的历史，从 18 世纪末 19 世纪初，风土驯化能力强、泌乳量高、母牛性情温顺易于管理的荷斯坦牛开始被很多国家引进，在经过两百多年各国的驯化和系统选育后，形成了各具特征的荷斯坦牛并冠以国名。[①] 例如，美国荷斯坦牛、中国荷斯坦牛、日本荷斯坦牛等。

1.乳用型荷斯坦牛

乳用型荷斯坦牛主要有美国、加拿大和日本等国的荷斯坦牛。其具有

---

① 王会珍.高效养奶牛[M].北京：机械工业出版社，2016：1-3.

典型乳用型牛的外貌特征，成年荷斯坦牛体型高大且结构匀称，身躯细致紧凑且棱角分明，头部轮廓清晰且清秀，皮下脂肪少，被毛细短，毛色为明显黑白花片，额部通常有白星花片，腹下、四肢下部及尾帚多为白色，后躯较前躯发达，成年母牛体形侧望为楔形，乳房大而丰满，重达 11 ～ 28 千克，乳静脉粗而弯曲，且极为明显。

乳用型荷斯坦牛的泌乳量是各种奶牛品种之冠，年平均泌乳量可达 6 000 ～ 7 000 千克，高产群体如以色列荷斯坦牛的年平均泌乳量已超过 10 000 千克，所产牛奶的平均乳脂率为 3.66%，平均乳蛋白率为 3.23%。其缺点是不耐热，在高温条件下适应性能较差且泌乳量会明显下降，所产牛奶的乳脂率偏低。

2. 兼用型荷斯坦牛

兼用型荷斯坦牛主要有法国、德国、瑞典等国的荷斯坦牛。其体格比乳用型荷斯坦牛小，体躯宽深略成矩形，四肢较短，成年母牛的乳房发育良好，乳静脉较发达，体重比乳用型荷斯坦牛小，但皮下脂肪比乳用型荷斯坦牛高，毛色与乳用型荷斯坦牛类似。兼用型荷斯坦牛的全身肌肉较为丰满，肉用性能较好。

兼用型荷斯坦牛的平均泌乳量比乳用型荷斯坦牛低 1 000 ～ 2 000 千克，年平均泌乳量为 4 000 ～ 5 000 千克，高产个体也能够达到 10 000 千克，所产牛奶平均乳脂率为 3.8% ～ 4.0%，比乳用型荷斯坦牛稍高。

兼用型荷斯坦牛在肉用方面最显著的特点是肥育期日增重很高，淘汰的母牛经过 100 ～ 150 天肥育，平均日增重可达 0.9 ～ 1 千克；经肥育的公牛 500 日龄的平均活重可达 556 千克。

3. 中国荷斯坦牛

中国的奶牛以中国荷斯坦牛为主，也被称为中国黑白花奶牛，其是由纯种荷斯坦公牛与中国各地区的本地母牛的高代杂种并经过多年的选育最终形成的一个品种，现在已遍布全国。不过因为培育的黑白花牛本土母牛来源复杂且类型不一，且不同地域饲养管理和育种条件也有所不同，所以生产性能和体型外貌也有所区别。

中国荷斯坦牛可以分为北方型和南方型两类，体格类型则分为大中小三种，其中大型奶牛主要以含有美国荷斯坦牛血统的公牛与本土体形较大母牛杂交培育而成，中型奶牛主要以欧洲中等体形荷斯坦公牛与本土体形中等的母牛杂交培育而成，小型奶牛则以一些国家的小体形荷斯坦公牛与本土小体形母牛杂交培育而成。

中国北方型荷斯坦牛主要为乳用型，南方型荷斯坦牛则偏向兼用型。中国荷斯坦牛的毛色与其他国家荷斯坦牛毛色相同，不过体质更加细致结实，通常有角，并由两侧向前向内弯曲，角体蜡黄色，角尖为黑色，乳房的附着良好且乳静脉明显，乳头大小和分布适中。

通过纯种荷斯坦牛与本土黄牛杂交培育的品种效果良好，后代体形会有所改良，体格增大且泌乳性能也有所提高。虽然中国荷斯坦牛的泌乳量与其他国家培育的高产品种差别不大，但由于不同地域的饲养管理水平有所差距，所以年泌乳量差距也较大，如饲养条件良好且管理科学的地域，乳牛场的平均年泌乳量超过 8 000 千克，而饲养条件较差且管理能力不足的地域，乳牛场的平均年泌乳量可能仅为 3 000 千克。[①] 综合来看，中国荷斯坦牛的年平均泌乳量为 5 000 ～ 6 000 千克，乳脂率稍低，平均为 3.3%。不同类型荷斯坦牛的比较如表 1-1 所示。

表 1-1　不同类型荷斯坦牛的比较

类型	外貌特征	体尺	体重	泌乳量
乳用型荷斯坦牛	体格高大，结构匀称，后躯发达，四肢长，乳房庞大，皮下脂肪少，被毛细短	纯种母牛体高 130 ～ 145 厘米，体长 170 厘米，胸围 195 厘米，管围 19 厘米；纯种公牛体高 143 ～ 147 厘米，体长 190 厘米，胸围 226 厘米，管围 23 厘米	纯种母牛体重 650 ～ 750 千克，犊牛初生重 40 ～ 50 千克，纯种公牛体重 900 ～ 1 200 千克	年平均泌乳量 6 000 ～ 7 000 千克；高产群体年平均泌乳量 10 000 千克以上；乳脂率为 3.66%

---

① 王会珍.高效养奶牛 [M].北京：机械工业出版社，2016：1-3.

续　表

类型	外貌特征	体尺	体重	泌乳量
兼用型荷斯坦牛	体格偏小，四肢较短，体躯宽深略成矩形，皮下脂肪较多	平均体高120厘米，体长156厘米，胸围200厘米，管围19厘米	母牛体重550～700千克，公牛体重900～1100千克，犊牛初生重35～45千克	年平均泌乳量4 000～5 000千克；高产个体年平均泌乳量也达10 000千克；平均屠宰率50%以上，净肉率40%以上；乳脂率3.8%～4.0%
中国北方型荷斯坦牛	体格高大，眼大突出，颈瘦长，背线平直，腰角宽广，四肢强壮，开张良好	母牛平均体高135厘米，体长160厘米，胸围200厘米；公牛平均体高155厘米，体长200厘米，胸围240厘米	母牛体重平均600千克，公牛体重平均1 100千克，犊牛初生重45～55千克	年平均泌乳量6 000～7 000千克，高产年平均泌乳量可达10 000千克以上；乳脂率3.6%
中国南方型荷斯坦牛	体格较大，结构匀称，四肢强壮	平均体高132厘米，体长170厘米，胸围196厘米	成年母牛体重平均585千克	年平均泌乳量4 000～5 000千克

（二）娟姗牛

娟姗牛是原产于英吉利海峡泽西岛（旧译娟姗岛）的一类乳用型奶牛品种，是英国政府颁布法令予以保护的珍贵牛种。娟姗牛最大的优点是乳质浓厚，乳脂、乳蛋白含量均高于普通奶牛，乳脂含量可达5%～7%，乳蛋白含量可达3.7%～4.4%。

娟姗牛属于小型奶牛品种，最初泽西岛上的娟姗牛毛色较为杂乱，有浅褐色、白色、棕白色、灰白色、棕色、红色、黑色、紫红色等毛色，在18世纪末英国通过立法禁止外地牛输入后开始进行本品种选育，最终仅剩一个优良品种，典型的毛色是浅棕褐色，个别毛色呈浅灰色，最深毛色为黑色。娟姗牛头小面轻,面部微凹,眼睛微微突出,牛角中等长,乳房大而匀称,鼻镜呈黑色,周围被毛近乎为白色,四蹄坚实呈黑色。

娟姗牛成年母牛体高 110 ～ 120 厘米,体重 350 ～ 450 千克,成年公牛体高 123 ～ 130 厘米,体重 650 ～ 750 千克,性成熟早,通常 15 ～ 18 月龄可初配。娟姗牛平均泌乳量为 5 000 千克,高产个体能够达到 9 000 千克,所产牛奶乳脂肪球大易分离,风味好且适合制作黄油。[①] 同时,娟姗牛性情活泼,耐热性好且抗病力强,但有时会感觉过敏,需要较为科学恰当的管理手段才能保证其不会影响泌乳量。

现在有许多国家正在饲养娟姗牛,主要包括美国、加拿大、丹麦等,中国也曾在各大城市进行饲养,但逐渐被中国荷斯坦牛取代。

(三)西门塔尔牛

西门塔尔牛原产于瑞士的阿尔卑斯山地区以及法国、德国、奥地利等国家,中心产区在伯尔尼的西门河谷,因此而得名西门塔尔牛,属于兼用型品种,其泌乳量高且产肉性能也可堪比肉牛品种,役用性能也很好,因此属于乳、肉、役兼用的品种。其生产的牛奶乳质好,身体生长发育快,肉用性能好,适应力很强且遗传性能稳定,因此也被称为"全能牛"。

西门塔尔牛体格较大,毛色以黄白花或淡红白花为主,其头部、胸部、腹下、四肢、尾帚多为白色,头较长且面部较宽,角较细而向外上方弯曲,颈部中等长短,前躯发育良好,体躯呈圆筒状,大腿肌肉发达,脂肪少且分布均匀,早期生长速度快所以产肉性能高,其育肥期平均日增重可达 1.5 ～ 2 千克。成年公牛平均体高为 150 ～ 160 厘米,体长为 170 厘米左右,体重为 1 200 ～ 1 300 千克;成年母牛平均体高为 135 ～ 142 厘米,体长为 150 厘米左右,体重为 800 ～ 900 千克,母牛乳房发育良好,年平均泌乳量为 4 000 千克左右,乳脂率为 3.6% ～ 4.1%。

早在 20 世纪初中国就已开始引入西门塔尔牛,20 世纪 50 年代开始有计划地进行引进并繁育,其中纯种西门塔尔牛的泌乳量潜力很大;而杂交代数不高的杂种西门塔尔牛则适合进行乳、肉、役兼用饲养。其主要特性是适应四季放牧,抗病性强且冬季耐寒夏季耐热,对草的选择性差,进食快、生长快。

---

① 赵保生.规模化奶牛场生产技术与经营管理[M].兰州:甘肃科学技术出版社,2017:4-5.

（四）其他乳用型和兼用型牛

除上述介绍的几种优质乳用型和兼用型牛品种，全球还有不少具有优秀品质的乳用型牛品种和兼用型牛品种，主要有更赛牛、爱尔夏牛、短角牛、安格斯牛、瑞士褐牛、丹麦红牛、三河牛、新疆褐牛等，具体特征和生产性能如表 1-2 所示。

表 1-2　其他乳用型牛和兼用型牛品种简况

品种	原产地和身体特征	外貌特征	生产性能
更赛牛	原产地：英国更赛岛；乳用型品种身体特征：成年母牛体高 130 厘米，体重 500 千克，公牛体重可达 800 千克	头小角长，毛色为浅黄色或金黄色，躯干有白色毛片，腹部、四肢下部和尾帚多为白色	年平均泌乳量为 4 000 千克，乳脂率为 4.6%，乳蛋白率为 3.5%
爱尔夏牛	原产地：苏格兰爱尔夏地区；乳用型品种身体特征：体格中等，成年母牛体高 134 厘米，体重 540 千克，成年公牛体重 700 千克	角细长呈白色，角尖黑色，关节粗壮，毛色以红白片为主，公牛角先向上后向内侧弯曲，母牛角先向上后向外弯曲	年平均泌乳量为 4 000 ～ 5 000 千克，乳脂率为 4.5%，乳蛋白率为 3.3%
短角牛	原产地：英格兰北部；兼用型品种身体特征：体格中等，成年母牛平均体高 134 厘米，体重 650 千克，成年公牛体重 900 ～ 1 200 千克	有无角和有角两种，被毛多为深红色或酱红色，少数为红白或白毛，鼻镜为肉色，体型清秀，乳房发达	年平均泌乳量为 2 800 ～ 3 500 千克，乳脂率为 3.5% ～ 4.2%，乳蛋白率为 3.3%
安格斯牛	原产地：德国北部平原；兼用型品种身体特征：成年母牛体重 550 ～ 600 千克，成年公牛体重约 1 000 千克	头小角细，背长但后躯较差，肌肉发达，被毛以红色为主，尾帚有黑白毛	年平均泌乳量为 5 000 千克，乳脂率为 4.7%

品种	原产地和身体特征	外貌特征	生产性能
瑞士褐牛	原产地：阿尔卑斯山地区；兼用型品种身体特征：体格较大，成年母牛体高142厘米，体重680千克，成年公牛体重达950千克以上	毛色主要为浅褐色、灰褐色或深褐色，皮肤及鼻镜为黑灰色，适应力强	年平均泌乳量为4 000～5 000千克，乳脂率为4%，乳蛋白率为3.5%
丹麦红牛	原产地：丹麦西兰岛、洛兰岛等地；兼用型品种身体特征：成年母牛体高132厘米，体重650千克，成年公牛体高148厘米，体重1 000～1 300千克	体型大，体躯长且深，胸部向前突出，腹部容积大且乳房发达，乳头长8～10厘米，被毛为红色或深红色，部分牛腹部和乳房有白斑，鼻镜呈瓦灰色	年平均泌乳量为5 000～6 000千克，乳脂率为4.3%，乳蛋白率为3.5%
三河牛	原产地：中国内蒙古呼伦贝尔草原，主要分布在三河地区；兼用型品种身体特征：成年母牛体高132厘米，体重550千克左右；成年公牛平均体高157厘米，体重达1 000千克以上	体躯高大且骨骼粗壮，体躯结构匀称，肌肉发达，性情温顺，头部清秀，角粗细适中，稍向上向前弯曲，毛色以黄白花、红白花、黑白花为主	年平均泌乳量为4 000千克，乳脂率达4%以上；产肉性能良好。但个体差异较大，外貌和生产性能不平衡
新疆褐牛	原产地：新疆伊犁和塔城等地；兼用型品种身体特征：成年母牛平均体高122厘米，平均体长150厘米，体重430千克，成年公牛平均体高145厘米，平均体长200厘米，体重950千克	体躯健壮肌肉丰满，头部清秀且嘴较宽，角大小中等且向侧前上方弯曲，背腰平直，毛色为深浅不一的褐色，额顶、角基、口轮、背线通常为灰白色或黄白色	年平均泌乳量为3 000～4 000千克，乳脂率为4%；产肉性能良好

二、奶牛业发展概况

奶牛业是全球各国畜牧业重要的组成部分，其发展是改善人的食物结构、提高人们的生活质量、增强人的体质的重要措施，如今奶牛业是现代国家畜牧业的核心行业，大部分发达国家的乳业产值能够达到其国家畜牧业总值的三分之一以上。

（一）奶牛生产的特点

奶牛业能够发展得如火如荼，除其生产的产品对人生活条件的提高和影响外，还和奶牛自身的生产特点息息相关，具体有以下几个特点。

首先，奶牛的饲料转化效率较高。在整个畜牧业中，各种畜禽将饲料中的能量和蛋白质转化为可食用产品的效率，最高的是蛋鸡，奶牛次之。奶牛转化饲料能量和蛋白质的效率是肉牛的数倍，而且因为奶牛为反刍动物，可以利用大量的粗饲料，而生产牧草和饲料作物，能够更好地将太阳能以植物的形态和其体内化学能的形式固定，因而能量利用率更高。不同畜禽对饲料的转化效率如表 1-3 所示。

表 1-3　不同畜禽对饲料的转化效率

畜禽主类	详细种类	转化效率计算方式	饲料转化为可食用产品的效率	
			转化能量效率	转化蛋白质效率
反刍动物	奶牛	牛奶和肉统一计算	17%	25%
	肉牛	按净肉计算，除内脏	3%	4%
	绵羊	按净肉计算，除内脏	——	4%
单胃动物	蛋鸡	按鸡蛋计算	18%	26%
	猪	按肉和内脏计算	14%	14%
	肉鸡	按肉和内脏计算	11%	23%
	火鸡	按肉和内脏计算	9%	22%

资料来源：王中华.高产奶牛饲养技术指南[M].北京：中国农业大学出版社，2003：1-4.

其次，奶牛的生产效率较高。从奶牛泌乳量角度来看，中国高产奶牛群体的成年母牛年平均泌乳量已经达到 10 000 千克以上，即便以每头奶牛年平均泌乳量为 4 000 千克计算，其每年生产的干物质也高达 560 千克，其提供的蛋白质远超过体重为 600 千克的肉牛（按净肉计算蛋白质量）提供的蛋白质。除此之外，奶牛还可以连续使用 6 个以上胎次，即能够连续产奶数年，同时每年可以生一头犊牛。可以说，奶牛不仅对能量和蛋白质转化率较高，而且其生产效率也远远超过肉牛，同时能够每年产犊牛，促进奶牛业的可持续发展。

最后，奶牛生产的牛奶营养较为平衡。牛奶中的营养必须能够满足犊牛的早期生长需要，因此其比肉类和蛋类的营养更加平衡。相较而言，肉和蛋的干物质中的主要成分是蛋白质，糖类、脂肪类含量较少，而牛奶的干物质中的蛋白质、脂肪、乳糖等含量非常平衡且接近，营养更加均衡，对人类的营养补充更加全面。牛奶和肉类、蛋类的营养成分如表 1-4 所示。

表 1-4　奶、肉、蛋的营养成分比例

所含成分	牛奶	肉类	蛋类
水分含量	87.5%	72.4%	73.6%
蛋白质含量	3.2%（平均）	20%	12.8%
脂肪含量	3.6%	6.5%	11.8%
糖类含量	4.5%	1.0%	1.0%
灰分含量	1.2%	1.1%	0.8%

除上述营养物质之外，牛奶中还富含钙物质，因此是人类身体所需钙的良好来源，如每日饮用 500 毫升牛奶，能够满足 4 岁儿童所需钙量的 60%，能够满足成人所需钙量的 75%。

（二）奶牛业发展情况概述

随着人类社会和经济水平的不断提高，人们的生活水平也在提高，同时互联网时代的来临使各种信息开始被广泛分享，人们对健康的认识越来越高，在网络媒介、各种媒体的宣传下，全球各地的人们开始逐渐认识到牛奶的营养价值和其对人类健康水平的提高作用，越来越多的家庭开始有意识地将牛奶列入日常的食谱中。

1. 全球牛奶产量状况

根据联合国粮食及农业组织 2020 年的统计，2020 年全球牛奶产量达到了 8.76 亿吨，以陆地板块来看，2020 年亚洲牛奶总产量达到了 3.68 亿吨，比 2019 年增长 2.6%；2020 年欧洲牛奶总产量达到 2.36 亿吨，比 2019 年增长 1.6%；2020 年大洋洲牛奶总产量为 0.31 亿吨，比 2019 年增长 1.1%；2020 年非洲牛奶总产量为 0.48 亿吨，和 2019 年持平，较为稳定；2020 年南美洲牛奶总产量为 0.82 亿吨，比 2019 年增长 2.0%；2020 年北美洲牛奶总产量为 1.11 亿吨，比 2019 年增长 2.1%，美国的牛奶产量突破了 1 亿吨，达到 1.01 亿吨。全球各大陆板块 2020 年牛奶产量如图 1-1 所示。

单位：亿吨

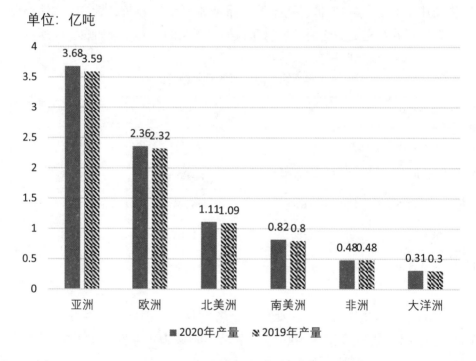

图 1-1 全球各大陆板块 2020 年牛奶产量

全球奶牛业的发展，排在前三名的分别是美国、印度和中国，美国奶牛业极为发达，其全国奶牛数量达 900 万头以上，即使近几年奶牛数量有所减少，但普遍的高产使其近十年来每年的牛奶总产量一直在稳步提升。美国有许多规模较大的奶牛场，拥有奶牛数量超过 1.5 万头，其产出的上亿吨牛奶除满足本国的乳制品需求外，还会向世界上许多国家大量出口。

印度的牛奶产量在近年来一直在快速提高，这得益于有效的计划和科学的饲养方法，其促进了牛奶产量的增加，而且印度的牛奶主要产自水牛，有超过八成的牛奶产量来自印度的小农户等无组织部门。印度自身会消化大量牛奶，同时会向很多国家出口牛奶。

中国的牛奶产量虽然也很高，但主要用于国内自用，仅向少数几个亚洲国家出口牛奶，中国还是全球牛奶产品最大的进口国。尤其是随着中国的国民经济水平的不断提高和人民的生活水平的不断攀升，牛奶需求量也出现了大幅提高。

根据国家统计局的数据，中国从 2008 年到 2021 年牛奶产量有不小的波动，具体如图 1-2 所示。

2008 — 2021年中国牛奶总产量（单位：万吨）

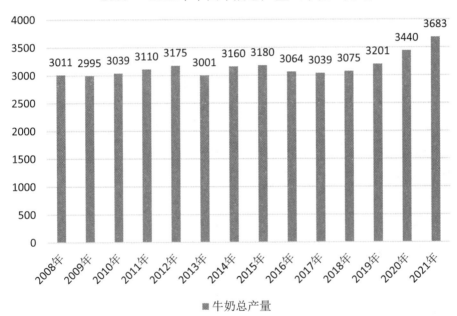

图 1-2　2008—2021 年中国牛奶总产量

2. 中国奶牛业的发展及趋势

中国饲养牛的历史悠久，且早在古代就已经有挤奶并食用牛奶的习惯，只是一直未培育出专门的乳用品种，而且很长一段时间以来牛奶在中国并非传统食品，这就造成了我国奶牛业开发较晚的情况。专门的乳用牛品种近代才传入中国，并直到中华人民共和国成立后奶牛业才开始快速发展。

1949 年之前，中国奶牛存栏量仅有 10 万头左右，到 1983 年全国奶牛数量就已经达到了 90 万头。自 1978 年改革开放后，中国奶牛业经历了两次快速发展时期，一次是改革开放初期阶段，经济的快速发展使牛奶供应出现不足，因此为了满足市场需求，全国各大矿区和城市开始采用有力措施推动奶牛业的发展；第二次是 1995 年后，中国畜牧业生产结构面临调整，农业经济发展模式也开始发生改变，奶牛业也开始受到政府重视，出现了蓬勃发展的状态。

2001 年全国奶牛存栏量约有 400 万头，年产牛奶约为 1 000 万吨，奶牛业发展欣欣向荣，之后奶业一直稳定持续发展。2014 年全国奶牛存栏量已经达到了 1 128 万头，在之后数年全国奶牛存栏量开始逐渐稳定，如 2015 年奶牛存栏量为 1 100 万头，2016 年奶牛存栏量为 1 037 万头，2017 年奶牛存栏量为 1 080 万头，2018 年奶牛存栏量为 1 038 万头。在 2015 年之后，中国整体的奶牛存栏量一直保持在 1 000 万头左右，从奶牛生产基数来看，中国有约 66 万个奶牛牧场，平均每个牧场拥有 15 头奶牛。2021 年全国奶牛存栏量同样为 1 000 万头左右，但年产牛奶量达到了 3 683 万吨，与 2001 年相比，奶牛存栏量仅提高了 2.5 倍，但年产牛奶量却提高了近 3.7 倍，可见虽然奶牛存栏量并未发生巨大变化，但奶牛业的发展不再仅靠奶牛数量来提高牛奶产量，而是开始从科学饲养的角度提高单个奶牛的生产性能，这也意味着中国整个畜牧业开始转型，从原本的畜牧大国向畜牧强国过渡。

从全球奶牛业的发展模式来看，中国奶牛业的发展与世界奶牛业的发展趋势相吻合，均展现出四个特点。

第一，奶牛品种开始逐步单一化和专业化。从世界范围来看，因为众多奶牛品种中荷斯坦牛的产奶量最高，即单位生产牛奶所消耗的饲料最低，所以出现了荷斯坦牛在整个奶牛品种中的比重不断增加的态势。

第二，奶牛的个体产奶量在不断提高。数个发达国家的奶牛业发展较早，其 20 世纪 70 年代到 21 世纪初的奶牛存栏量并未发生太大变化，甚至数量还在不断降低，但总产奶量却一直在稳步提高，如美国 1971 年奶牛存栏量为 1 180 万头，到 2000 年则仅存 910 万头，但平均产奶量却从 1971 年的每头 4 500 千克提升到了每头 8 200 千克，因此牛奶的年产量一直在不断提高。2020 年美国牛奶的总产量突破了 1 亿吨，一方面是因为其奶牛的种群数量有所增加，另一方面则是其奶牛的牛奶单产量又得到了提高。

第三，奶牛饲养管理中自动化和信息化程度越来越高。自21世纪以来，互联网技术的快速普及和发展大大推动了各行各业的发展，奶牛业同样如此，计算机在规模化奶牛生产和管理方面的运用已经较为普遍，尤其是在生产资料记录和日常管理方面属于必不可少的设备；另外，用于记录奶牛运动、自动喂料、产奶量等的电子传感设备运用得越来越多；用于挤奶和配套储存的挤奶厅和设施，使整个奶牛业的牛奶从产出到加工完全封闭化、工业化，不仅更加科学而且更加生态和安全。

第四，奶牛育种的国际合作一直在不断加强。随着人工授精技术的广泛应用，扩大奶牛种公牛的选择范围和进行科学化筛选，掌握优秀种公牛就等于占领奶牛生产制高点的认知已经成为世界各国奶牛业发展的共识。通过良种之间的选育、配种、筛选等，能够不断优化奶牛的品种，从而筛选出产量更高、能量转化率更高、生产的牛奶营养更全面且更适宜人类补充营养的奶牛品种，这对全世界的奶牛业发展都有极大的促进作用。

上述四个趋势是世界奶牛业的发展趋势，针对中国而言，中国特定的地域特征和气候特征也对奶牛业的发展有一定的影响。除了会整体以上述趋势发展之外，中国奶牛业的提高和发展还需要有一定的针对性，主要包括两方面内容。

一方面，中国地大物博，尤其北方和南方的气候特征差距较大，北方地区的夏季相对南方来说炎热的持续时间较短，而春、秋、冬季都较为适合奶牛的饲养，因此选用个体大且泌乳量高的乳用型中国荷斯坦奶牛较为适合；但南方地区的夏季通常会持续炎热且潮湿，这使耐热性并不佳的荷斯坦牛根本无法适应，因此会出现疾病增多、泌乳量下降、繁殖困难的情形。针对这样的状况，可以结合南方饲养水牛的习惯，发展乳用型水牛的培育和生产，如引进世界著名乳用型水牛和中国本土水牛杂交来培育本土乳用型水牛品种。而且水牛牛奶的营养物质，如脂肪和非脂固形物、干物质等高于荷斯坦牛牛奶，因此可以成为良好的产奶源，即使水牛的年泌乳量无法与荷斯坦牛相媲美，但水牛牛奶质量更高，营养更丰富，因此价位也会更高，同样适合南方发展。

另一方面，虽然中国饲养的奶牛品种泌乳量较大，有巨大潜力可挖，但是产出的牛奶乳脂率却较低，很难满足中国食品工业对奶油的需求，也会逐渐无法满足对牛奶营养成分要求越来越高的大众；除供给国民饮用和食用之外，中国生产的荷斯坦牛牛奶的乳脂率往往无法达到出口的规定指标，因此从乳业出口角度而言，中国需要加强对乳脂率较高的奶牛品种的培育和饲养。例如，选择抗逆性更好的娟姗牛与中国本土牛杂交，培育适应中国环境的高产高质奶牛品种。

第二节　奶牛生理与行为的基础认知

奶牛饲养的前提是需要对奶牛的生理和行为进行基础认知，只有了解奶牛的生理特征和行为特征，才能够有针对性地采取对应的手段进行科学饲养，以提高奶牛的生产性能。

一、认识奶牛的生理

认识奶牛的生理主要从五个角度着手，分别是奶牛的感官和环境适应性、奶牛的繁殖特性、奶牛的采食特性、奶牛的蹄的特性以及奶牛的正常生理指标。

（一）奶牛的感官和环境适应性

奶牛的感官和环境适应性可以从视觉、听觉、嗅觉、味觉、触觉五个基本感觉角度，以及外界温湿角度来进行了解。

1. 奶牛的视觉

奶牛的眼睛处于头部两侧，因此其拥有近乎 360 度的视野，唯一的视觉盲区在其正后方一定范围内。奶牛的远视能力远不足人类，且因为其眼睛处在头两侧，所以只能估计正前方的距离，一侧的距离就会无法估计。[①] 在这样的特性下，接近一头安静的奶牛时，应该从其正前方行走，这样能够使奶牛看清楚，而接近一头处于不安状态的奶牛时，应从奶牛的一侧靠近，这样奶牛就无法意识到人的接近。

2. 奶牛的听觉

奶牛的听觉比人类更加灵敏，只是人类在定位声源时比奶牛准确。人类的听觉范围很广，在 20 赫兹到 20 000 赫兹，但人类真正能够准确判断且

---

① 赵保生.规模化奶牛场生产技术与经营管理 [M].兰州：甘肃科学技术出版社，2017：9-12.

较为敏感的听觉范围则在 1 000 赫兹到 4 000 赫兹；奶牛则对 8 000 赫兹的高频声音较为敏感，因此 8 000 赫兹左右的高频噪声对奶牛的影响最大，若长期处于噪声环境中，泌乳期的奶牛不仅产奶量会大量降低，繁殖性能和寿命也会受到影响而降低。

3. 奶牛的嗅觉

奶牛的嗅觉很灵敏，不仅嗅觉范围广，而且分辨力也很强。当风速在 5 千米每小时时，奶牛可以嗅到上风向 3 千米距离的气味，当风速达到 8 千米每小时时则可以嗅到上风向 10 千米距离的气味；奶牛能够通过嗅觉来选择食物，同时牛场的气味也会影响奶牛的交配、护犊、合群、饮食等，如奶牛不喜欢粪便味，所以一般不会在粪便附近采食，若粪便周围的草丛减少说明食物出现了不足，另外奶牛不喜欢唾液的气味，所以舍饲时饲槽要干净，日粮要新鲜，均不能受到奶牛粪便、唾液的污染。

4. 奶牛的味觉

奶牛的味觉和其采食量有很大的关系，奶牛的舌黏膜表面有圆锥状、豆状、菌状和轮廓状四种乳头，有的乳头上拥有味蕾，因此会感知和分辨食物的味道，如犊牛的开食料中可以加入一定的甜味剂等添加剂来改善其适口性。另外，通常含蛋白质较低的粗饲料适口性较差，所以可以适当进行改善以提高奶牛的采食量。

5. 奶牛的触觉

奶牛的触觉与其基本的生活行为，如采食、饮水、发情交配、舔犊、犊牛吸吮奶头等息息相关，这就要求饲养员在饲养过程中进行日常的刷拭、挤奶、治疗等工作，保持奶牛较为舒适的触觉感，这样才能有效提高奶牛的生产性能。

6. 奶牛对外界温湿的适应性

奶牛所属的牛科，其祖先属于寒带动物，长久的寒带生涯进化演变出了其特定的温湿度适应习性，其体躯壮硕，因此单位重量的体表面积较小，能够有效储存热量，虽然奶牛有很多汗腺，但汗腺的血管供应非常微弱，所以散热功能并不发达，因此形成了耐寒不耐热的特性。

正常情况下奶牛的体温在 38 ～ 39.2℃，当外界气温高于其体温 5℃时，奶牛将无法长期生存；另外，在高温环境中，不仅公牛的精液品质会下降，母牛的受胎率会降低，而且奶牛的食欲和消化功能也会下降，反刍会减少从而造成生产性能大幅降低。

以最常见的荷斯坦牛为例，其最适宜生活和生产的环境温度为 5～15℃，当气温达到 29℃，若相对空气湿度为 40% 时奶牛产奶量会下降 8% 左右，若相对空气湿度达到 90% 时奶牛产奶量会下降 31%。也就是说，在高温高湿环境中，荷斯坦牛的产奶性能会大幅下降，这也是中国南方高温高湿环境不适宜饲养荷斯坦牛的根本原因。若外界温度在 0℃ 以下时，荷斯坦牛的产奶量不会有明显变化，只是为了抗寒会增加一定采食量。

从以上特性来看，饲养荷斯坦牛的过程中，全年夏季最需要做到的就是防暑降温，这样才能保证其拥有良好的生产性能。

（二）奶牛的繁殖特性

牛属于单胎动物，虽然也有双胎现象但并不多见，若母牛怀异性双胎时受到母体子宫内雄性胎儿激素影响，雌性胎儿容易被抑制生殖系统发育从而导致出生后不育。

在奶牛的生长过程中，犊牛期通常为 2 个月左右，之后会断奶进入断乳期，开始食用精料和草；之后进入青年期，整个过程通常在出生后 3 个月到 14 个月，以荷斯坦母牛为例，其初情期为 6～8 月龄，性成熟期为 8～12 月龄；度过青年期后，奶牛即可进行配种，通常为 14～16 月龄进行初配，以荷斯坦母牛为例，其在度过青年期后任何季节均可发情，周期为 18～25 天（平均为 21 天），发情持续期平均为 18 小时，怀胎后妊娠期平均为 280 天，即青年期后配种怀胎后，24 月龄母牛就会产犊从而进入泌乳期。

奶牛的泌乳期为 300 天左右，中国荷斯坦牛的泌乳期平均为 305 天，之后会进入干奶待产期。为了缩短奶牛的干奶期，通常会在奶牛产后 3 个月左右对其进行人工授精，这样既能提高受孕率，还可以精准控制生育时间，成功受孕的母牛整个孕期会长期处于泌乳期，并会在进入干奶期后约 60 天再次生下犊牛，从而开始下一轮泌乳期，通常产奶牛可以利用 5～6 胎。也就是说，以荷斯坦牛为例，从其进入泌乳期开始恰好一年后会进入第二个泌乳期，在干奶待产期属于其休养期，也是为下一轮产奶做准备的阶段。

（三）奶牛的采食特性

奶牛没有门齿，因此无法啃食较矮的牧草，通常牧草高度低于 5 厘米时，奶牛就很难吃饱；奶牛在自由采食过程中具有竞食性，之间会互相抢食，因此可以有效提高奶牛的采食量。

1. 奶牛的采食时段

在自由采食的情况下，奶牛的全天采食时长为 6 ～ 8 小时，自由采食属于放牧模式，比舍饲的奶牛采食时间更长。一天之中奶牛的采食有四个高峰期，分别是日出前不久、上午中段时间、下午早期以及下午近黄昏期，并且以前两个时间段为主要采食段。

2. 奶牛的采食量状况

奶牛的采食量和其自身的体重关系密切，通常成年泌乳奶牛的每日干物质采食量是体重的 3% ～ 3.5%，干奶期的奶牛每日干物质采食量是体重的 2%，生长期的奶牛每日干物质采食量是体重的 2.4% ～ 2.8%。

奶牛的采食量除与体重相关之外，还和以下几项因素有关：①饲料质量，当饲料品质比较好时奶牛的采食量就会更高；②奶牛的生长阶段，当奶牛处在生长期、妊娠初期、泌乳高峰期时，采食量就会更高；③外界环境，当外界环境温度较低时，奶牛的能量消耗会更大，因此采食量也会提高，而当外界温度高于 20℃时，奶牛的采食量就会降低；④草料的状态，通常牛对较短的干草采食量更高，对长干草和草粉的采食量较低，对草粉的采食量最低，如果将草粉制作成颗粒饲料，奶牛的采食量则会对应提高近一半。

3. 奶牛采食中需注意的问题

因为奶牛的采食速度很快，尤其是在竞食状态下奶牛在抢食时更快，因此奶牛在采食过程中会不经仔细咀嚼就将饲料直接吞下，在这样的状态下很容易会将混在饲料中的各种异物吞入体内。

牛胃的结构特点决定了一些铁丝、钉子、金属物等锋锐异物被吞入后，会停留在牛的网胃中，而网胃和牛的心脏距离很近，这些尖锐异物很容易刺破网胃壁和心包，从而令牛身患心包炎或网胃炎等；若牛吞入尼龙袋和绳子等异物，则容易造成牛的胃肠阻塞，从而引起病患；若牛吞入萝卜等大的块状物，也容易因为不经咀嚼而造成食物卡在食道，引起食道梗阻等。

所以，人们通过放牧模式饲养奶牛时，一定要注意及时对饲料和牛场内的异物进行清理，以避免奶牛吞入异物造成身体损伤和病患，从而严重影响其健康和生产性能。

（四）奶牛的蹄的特性

奶牛的蹄属于偶蹄，由两个蹄趾组成，每个蹄趾的末端都被角质包裹，蹄部的前侧被称为背侧，前蹄的后侧为掌部，后蹄的后侧为跖部。奶牛蹄的表皮角质生发层及支撑皮层结构主要有四个区域，分别是蹄缘角质、蹄壁角质、白线角质和蹄底角质。

奶牛蹄的角质质量和强度会在角质化过程中逐渐增强，最终质量则取决于内外两个因素，内因素主要是血液和营养供应，包括蛋白质、能量、钙、磷和微量营养素（包括锌、铜、维生素 H 等）；外因素则主要和环境影响有关，如干燥环境下角质会变得干燥坚硬，高湿条件下角质则会变得非常柔软，如蹄部处于粪尿环境中时间过长则容易破坏角质造成其磨损加快。

通常情况下，奶牛蹄的角质会以不同速度增长，如蹄壁角质会以每月约 0.6 厘米的速度增长，而蹄底角质则会以每月约 0.3 厘米左右的速度生长。另外，蹄角质的生长速度还和营养供应、发育情况、奶牛品种、外在环境有关，如青年奶牛若营养供应充足，其蹄角质的生长速度会加快，甚至能够达到正常生长速度的 2.5 倍；如夏季奶牛的蹄角质生长速度和角质化速度要比冬季快；如散栏饲养的奶牛蹄角质生长速度会比放牧饲养或拴系式饲养的奶牛快等。

从奶牛的站立肢势和运动状态来看，奶牛的后肢主要负责牛体的前行，而奶牛的前肢则更多负责支撑牛体的重量，不过奶牛的后蹄外趾较大，所以负重面更加平展，对其行进和站立的稳定性有提升作用，当奶牛行进时体重会从内趾向外趾转移，容易导致外趾负重更多，所以若在较为坚硬的地面生活时间较长后，其后蹄外趾的真皮层就会不断受到刺激从而加速外趾角质生长。因此，在设计和建设奶牛场时需要注意地面的情况，以避免造成对蹄角质的过多刺激出现生长问题。

（五）奶牛的正常生理指标

奶牛的正常生理指标主要体现在五个方面，另外还需要学会辨认奶牛的年龄。奶牛的正常生理指标如表 1-5 所示。

表1-5 奶牛的正常生理指标

生理指标		具体指标
体温	正常成牛	37.5 ～ 39.2℃
	小犊牛、高温环境下、兴奋状态下	最高 39.5℃ 或稍高
脉搏率	正常成牛	每分钟 60 ～ 80 次
	犊牛	每分钟 72 ～ 100 次
呼吸频率	安静状态的成牛	每分钟 18 ～ 28 次
	安静状态的犊牛	每分钟 20 ～ 40 次
消化生理	瘤胃	每分钟蠕动 1 ～ 3 次，内容物 pH 值范围 6 ～ 6.8（pH 值范围 5.0 ～ 8.1 均属正常）
	咀嚼	每口 20 ～ 40 次，每个食团咀嚼 50 ～ 60 秒
	反刍	饮食后 30 ～ 60 分钟开始，每昼夜 6 ～ 8 次，每次持续 40 ～ 50 分钟，共 6 ～ 8 小时
	嗳气	每小时 17 ～ 20 次，每日量为 600 ～ 1 300 升
	分泌唾液	每日 60 升，pH 值范围 8.2 ～ 8.5
一昼夜活动	站立	12.42 ～ 13.46 小时
	卧地	10.52 ～ 11.58 小时
	闭目或睡觉	6 ～ 8 次，每次 10 ～ 35 分钟，共 1.65 ～ 3.67 小时
	采食	9 ～ 14 次，共 3 ～ 5 小时
	反刍	共 7 ～ 10 小时
	社交	共 2 ～ 3 小时
	饮水	共 0.5 小时
	挤奶或行走	2.5 ～ 3.5 小时

奶牛的年龄鉴定可以从两个角度进行。

第一，通过牙齿。通常成年母奶牛有 32 枚牙齿，门牙 4 对全在下颚，通过门牙的磨损程度可以判断其年龄，在其 1.5 ～ 2 岁时换生第一对门齿，

2.5 ～ 3 岁换生第二对门齿，3 ～ 3.5 岁换生第三对门齿，4 ～ 4.5 岁换生第四对门齿；5 岁第一对门齿磨损，之后一年一对门齿磨损；9 岁第一对门齿凹陷，之后一年一对门齿凹陷；13 ～ 14 岁门齿变短且磨损变大。

第二，通过角轮。奶牛的角轮会在饲料贫乏或怀孕期间因营养不足形成，饲养奶牛时不会出现普通的饲料贫乏，所以主要是怀孕期形成角轮，而母牛每年一分娩，角上就会生出一个凹轮，凹轮数量加上 2 则为此牛的大概年龄。

二、认识奶牛的行为

奶牛的行为主要是对外界环境条件的刺激或体内刺激所产生的反应，同时奶牛通过本能和学习也能够获得不同的经验，从而做出特定的反应和行为应答。奶牛属于群居动物，因此具有一定的等级关系，这也造成奶牛的行为可以从两个层面去认知，一个是奶牛个体的基础行为反应，另一个则是和群居相关的带有一定社会关系的行为反应。

（一）奶牛个体的基础行为

奶牛个体的基础行为主要体现在普通的成长生活过程中的各种行为，包括采食、饮水、反刍、运动、排泄、探究等。

1. 奶牛的采食行为

奶牛的采食行为主要是为了补充能量以供给自身所需，奶牛的嘴唇并不灵活，因此并不利于采食饲料，不过奶牛的舌长且灵活，而且舌面较为粗糙，所以非常适合卷食草料，放牧采食草料时奶牛会用舌将草卷到口中，然后头前送从而用切齿和上颚齿垫将草切断，最终送入口腔。同时，这种低头前送的姿势也可以促进其产生更多唾液，进而帮助消化。

奶牛采食的速度很快，而且第一次的咀嚼并不精细，通常进入口腔的草料会混合大量唾液后形成食团，之后被咽入瘤胃，经过一段时间后反刍又回到口腔再次咀嚼，经历二次咀嚼后的食物才会被彻底消化并逐渐吸收。

2. 奶牛的饮水行为

水分是任何动物生活成长所必需的物质，水也被称为生命之源，就奶牛而言，水分是构成其身体和所产牛奶最主要的成分之一，成年母牛的身体含水量高达 57%，而牛奶中含水量更大，能够达到 87.5%。大量产奶的母牛对水分的需求量非常大，尤其是处于泌乳盛期的奶牛其代谢强度会大量增加，因此会需要大量饮水来补充水分。

通常情况下奶牛每天的饮水量是采食饲料干物质的 4 倍～ 5 倍，是其产奶量的 3 倍～ 4 倍，最佳的饮水温度为 10 ～ 20℃。以一头体重 600 千克处于泌乳期的奶牛为例，若其日产奶量为 20 千克，其采食的饲料干物质摄入量则约为 16 千克，饮水量则在 60 千克以上，若是夏季时节因外界温度更高一些，其饮水量也会更多。平均下来每头奶牛每日饮水需要达到 60 ～ 100千克，因此在饲养过程中需要保证给予奶牛充足且清洁卫生的饮水，若是在冬季提供饮水最好进行加温，为奶牛提供温水饮用。

3. 奶牛的反刍行为

反刍是牛羊等反刍动物的消化生理特征，反刍有利于其将食物嚼碎并增加唾液分泌量，以维持瘤胃的正常功能和提高瘤胃的消化效率。

奶牛采食后只是初步将饲料咀嚼后混入唾液吞入瘤胃，在 30 ～ 60 分钟后，经过浸泡和软化的食团会反刍再经历咀嚼。奶牛反刍主要有四个步骤，包括逆呕、再咀嚼、再混入唾液、再吞咽，整个过程需要尽量安静平稳，且反刍时不能受到惊扰，否则会立即停止反刍行为，因此在奶牛采食后一段时间应该尽量给予奶牛安静的环境，且不要去打扰奶牛，以便其完成反刍。

4. 奶牛的运动行为

奶牛适当的运动能够有效提高奶牛的身体素质，从而增强抵抗力、维护健康、提高产奶量等，通常放牧饲养的奶牛每日的运动量不会缺乏，但舍饲奶牛若不进行适当的运动则容易引起肥胖、不孕、难产乃至肢蹄病等，还易引发各种因抵抗力不足产生的疾病。

通常舍饲奶牛除每日的饲喂和挤奶外，每日需要保持自由活动 8 小时以上方能达到运动需求，从而有效提高其体质和抵抗力。

5. 奶牛的排泄行为

奶牛的排泄属于随意排泄模式，通常站立排粪和排尿，或者边走边排，因此很多时候牛粪会呈现散布状态，而且奶牛倾向于在洁净的地方进行排泄，甚至经过训练的奶牛能够在一定时间内集体排泄。

通常情况下，成年母牛每一昼夜需要排粪 10 ～ 20 次，共 30 ～ 40 千克；需要排尿 7 ～ 12 次，共 17 ～ 25 千克。研究发现，奶牛的排泄次数和其产奶量呈一定的正比关系，通常泌乳盛期的奶牛排泄次数会明显多于泌乳后期和干奶期的奶牛。

6. 奶牛的探究行为

奶牛在生活成长过程中，会对外界环境刺激产生一定的本能反应，也就是奶牛的探究行为，通常会通过五感来完成，如奶牛进入新的环境中，或者群体中出现新的个体时，奶牛的第一表现就是进行探究，首次探究新事物时，若奶牛感觉没有危险会近前查看，通过五感来了解新事物，甚至如果感觉口味尚可还会吞入腹中。

奶牛的探究行为是一个逐步认识和熟悉新事物的过程，如果是舍饲喂养，当舍饲的舍门打开或运动场围栏出现缺口时，奶牛会跑出去进行探究，如果有头牛带领甚至整个牛群都会跑出去探究；当有陌生人或陌生的生物进入牛舍范围，奶牛也会尝试性探究。通常犊牛的好奇心会更强，所以探究行为也更加强烈，中国古人经过对牛的探究行为的总结，创造了"初生牛犊不怕虎"的成语。

（二）有一定社会关系的行为

奶牛属于一种群居动物，因此奶牛的很多行为都表现为同时发生的群体行为，且很多群体行为会和其自身的生活习性相关，如奶牛习惯在太阳升起时采食、中午躺下进行休息、傍晚黄昏时分再次进行采食等，因此在进行饲养时可以针对其生活习惯进行饲喂。奶牛的群体行为主要体现在以下几个方面。

1. 仿效

奶牛仿效类群体行为主要体现在采食、饮水、运动、休息等方面，如领头牛开始吃草，群体中的其他牛也会跟着吃草；若有一些牛前去饮水，群体也会结群上槽；甚至到奶厅挤奶、进入运动场运动、在运动场休息等，奶牛也习惯结伴进行。

这种习惯性结伴的群体行为就是奶牛的仿效行为，如有一头奶牛沿着土路行走，其他奶牛也会依次前行。因此，人们在饲养奶牛过程中可以充分利用奶牛的仿效行为，来达成奶牛群体的统一行动，这样不仅能够有效节约劳动成本，还可以有效对群体进行科学管理。当然，奶牛的仿效行为也有其不利之处，如有一头奶牛翻越了牛场围栏，其他牛在仿效行为下也会翻越，从而很容易出现跑牛现象。

2. 竞争

奶牛通常性格比较温驯，因此并不爱打斗，但作为一种群居动物，竞争是其天性，也是奶牛进化的动力。作为一个群体自然会具备一定的社会结构，奶牛群体可分为大中小三类，大群的奶牛数量在200头左右，超出该范围就会有分组趋势；中组通常由50～70头奶牛组成，也是科学界认为的奶牛能够记住的最大数量；小组则由10～12头奶牛组成，通常小组的奶牛是同龄状态。

奶牛的社会等级结构差异很大，若没有空间和食物竞争，奶牛群体的社会等级会呈现出线性规律，群体的社会等级和优先采食权挂钩。另外，奶牛的社会等级通常和奶牛的年龄、体格、体重等相关，年长的牛会处在较高等级，青年则处在较低等级，通常低等级奶牛会围绕在高等级奶牛身边。同龄的奶牛会通过打斗等竞争方式来提高自身的等级和地位。

如果一个群体中引入新牛，就容易出现地位竞争，并在一天时间内确定下来。为保持奶牛群体较为稳定的社会关系，主要给予它们较为足够的空间，因为通常高等级奶牛会通过摆动头部等行为信号来促使低等级的奶牛做出避让举动，因此高等级奶牛的空间需求量会更大一些，也更能彰显其地位和优势。例如，等级较高的奶牛在采食、饮水、躺卧休息时，其他奶牛就会主动让位。

3. 社交

奶牛间会通过哞叫或舔舐等来表明群体关系，并进行适当的交往，而且每头奶牛都有属于自己的空间和逃跑躲避的区域，若在此空间中出现入侵者奶牛会有一定的交往或逃避行为。通常没有太多竞争（即食物和空间充足情况下）时奶牛会较为安逸，因此每头奶牛的独属空间会比较小。

奶牛在遭遇不熟悉的人或奶牛时，会感到一定的威胁，这时其需要躲避和逃跑的空间会较大，通常不论是奶牛还是人，在奶牛身边待得时间越久，奶牛越觉得不安全。通常青年牛的胆量会比成年牛小，不过其天生的好奇心更大，还会随着经历的增加而变得更加自信。对于接近胆小的奶牛，饲养员可以乘坐汽车或器械，这样的行为在奶牛的认知中比步行接近威胁更小。

4. 护犊

新生的犊牛的视觉并不完善，需要通过其他感官来辨识母亲，母牛则对犊牛非常护恋，这也是人们所说的母性。在牧场中，有些母牛会将犊牛藏在隐蔽的地方，当犊牛睡觉时母牛会在附近吃草，并不时回到犊牛藏身处喂食犊牛。

如果饲养员在犊牛出生后 1 ～ 2 小时将其从母牛身边移走，过段时间再放回时母牛会拒绝喂养。针对母牛护犊的特性，牧场接生后分离母牛和犊牛需要注意其护犊行为，另外也要及时将两者分开，这样对母牛产奶量的提高有很好的促进作用。

5. 寻求庇护

奶牛作为群居动物，在恶劣的环境条件下会通过聚集或寻找庇护所的行为来抵御外界危机，这是奶牛的天性。若在放牧过程中奶牛群体遭遇暴风雨等，奶牛会背对风雨随时准备逃离；在炎热夏季奶牛会寻找有水和阴凉的地方休息；当奶牛群体遭受惊吓（如鞭炮声）时会成群结队奔跑或跳跃逃离。

针对奶牛群体寻求庇护的行为特性，饲养过程中要注意为奶牛提供较为安静平稳的环境，同时可以设立凉棚等以使奶牛可以在炎热的夏季休息。稳定的外界环境条件能够促进奶牛降低压力和减少对外界危险的感觉，从而有效提高生产性能。

第三节　奶牛的体型外貌鉴定及生产性能测定

饲养奶牛要提高经济效益，最基本也非常重要的一项措施就是选择高产、健康的奶牛，其最基本的特性就是产奶量高、乳脂率高、乳蛋白率高、无代谢疾病和隐性遗传疾病、繁殖性能正常等。

奶牛个体的体型外貌表现是其遗传基础与其受到环境和饲养管理条件影响最终产生的结果，体型外貌是选择和鉴定奶牛体质以及生产潜力的重要手段之一，就乳用型奶牛而言，其需要具备明显发达的泌乳器官，其泌乳能力除与乳房的外部形态和结构有关外，还会受到环境的影响，因此在选择奶牛时可以将体型外貌作为参考，但不能作为唯一标准。

一、高产奶牛体型外貌特征

奶牛的体型外貌的优劣情况和其产奶量关系较为密切，通常高产奶牛的体型有一些共性，包括乳用特征明显、皮薄骨细而圆、被毛细短有光泽、肌肉不发达且皮下脂肪少、体型高大胸腹宽深、外形清秀、后躯和乳房发达、血管显露而粗、各部位棱角轮廓清晰、前视和侧视体型均呈楔形等。具体的鉴定方向可以从两个角度进行，一个是选择纯种奶牛，另一个是选择体型外貌符合高产标准的奶牛。

（一）选择纯种奶牛

在选择奶牛时需要留意查看其系谱、血统、亲代、祖代的情况，要选择系谱产奶性能高、体型外貌评分高、繁殖性能优良、产奶年限长的奶牛。系谱的内容需要包括奶牛的品种、牛号、出生日期、出生体重、成年体尺、成年体重、成年体高、等级、母牛各胎次产奶成绩等，甚至需要包括其母代和祖母代的各项指标，以及其系谱的疾病、繁殖、健康等情况。

以中国荷斯坦牛为例，最好选择纯种奶牛，即遗传上相对稳定，有相似体制、生物学特征、生产性能、产品质量等清晰的同一品种公母奶牛交配产生的后代，其具体应该具备一定的品种特性和外貌特征，纯种中国荷斯坦牛和杂种中国荷斯坦牛的区别如表1-6所示。

表1-6 纯种中国荷斯坦牛与非纯种中国荷斯坦牛的区别

挑选特征	纯种中国荷斯坦牛	非纯种中国荷斯坦牛
血统	系谱中明确记载奶牛三代血统的纯种奶牛	未建立奶牛系谱或系谱记录不清
毛色	黑白相间且花色分明，额部有白斑，腹底、四肢关节之下、尾帚呈白色	全黑、全白、灰色，尾帚黑色、腹部全黑，四肢到蹄部有环绕的黑色或全黑
角	角根不粗，多由两侧向前向内弯曲，角体蜡色、角尖黑色	角根较粗，弯曲向不明确或无弯曲，角颜色不纯正
头型	头部清秀，鼻孔大且鼻镜宽、鼻梁直、额宽呈盘状、头轻且稍长（长度可达体长三分之一）	头部相对较短且较宽，个别牛的头型显得粗重，鼻部特征不明显
颈部	颈部轻薄，长而平直，颈侧有纵行的细致皱纹	颈部较粗，颈部的肌肉较为发达
体格	体格较大，体高和体长均较大	体格较小，体高和体长较小
后躯	尻部宽大且有明显棱角，乳房基部宽阔，四肢均较高	尻部较窄或缺乏棱角，乳房基部狭窄且后腿距离近，四肢较短

资料来源：王会珍.高效养奶牛[M].北京：机械工业出版社，2016：12-14.

（二）选择体型外貌符合高产标准的奶牛

在选择奶牛时，需要寻找体型外貌符合高产标准的奶牛，以中国荷斯坦牛为例，需要从以下几个方面着手进行选择。

1. 头颈特征

高产奶牛的头部小巧细长，较为清秀且轮廓清晰，头面的血管清晰；耳朵大小适中且薄而灵活，耳朵上的毛细血管明显；眼睛明亮有神，形状圆而大，眼神温顺机敏；口部宽阔，上下唇整齐、坚实，下颚发达且牙齿整齐无损；鼻孔大且鼻镜宽，鼻孔湿润呼吸匀称。高产奶牛的颈部窄长且薄，头颈结合良好且两侧多皱纹，垂肉不发达。

2. 躯干特征

高产奶牛的躯干主要从以下几个方面着手考查。

第一，毛色和皮。毛色要黑白界线分明且片大，被毛柔软且短，富有光泽；体躯的皮薄易拉起，皮脂分泌旺盛。

第二，胸部。胸部要深、长、宽，肋骨开张良好，即肋骨弯曲度较高呈圆形，肋间距较宽，因为拥有宽长的胸部的奶牛的呼吸和循环系统良好。中躯需要容积大，这样有利于采食和消化大量饲料等，更有利于健康体魄的形成。

第三，腰背部。腰背部要良好，背线要长且直，背线与腰线的连接良好，腰部需要平直强健。

第四，腹部。腹部要充实，宽且深，大而圆，不宜下垂或收缩。

第五，臀部。臀部要平且方，宽阔且较长，尻部需要平、宽，棱角需要分明且拥有适量肌肉，长度达到体长的三分之一，坐骨需要间距较宽，乳房附着能力良好利于产犊。

3. 蹄肢特征

奶牛的四肢是支撑其体重和其运动的重要器官，关乎奶牛的健康和生产能力。奶牛的四肢需要坚实有力且四肢端正，尤其是后肢关节要明显，距离宽大且蹄角质结实，蹄大小中等，蹄壳要圆亮、蹄叉要清洁，内外蹄要质地坚实且紧密对称，蹄底要平、短且圆。

选择时可以将奶牛牵到平坦处，不论站立姿势还是行走姿势都应该端正，正前方看时前肢需要遮住后肢，前蹄和后蹄的连线需要和躯体的中轴线平行，肢势要端正且不能有内向、外向、前踏、后踏等。

4.乳房特征

奶牛的乳房情况是其产奶性能的重要体现，功能强的好乳房体积大且乳房基部前伸后延，附着良好，同时乳房丰满而不下垂，手触摸要弹性良好类似海绵。

乳房的四个乳头要均匀对称，呈垂直柱形，距离较为平衡，大小要适中且乳头孔松紧适度，通常认为最佳的乳头长度为 5 ~ 7 厘米，手工挤奶乳头可略短，而机械挤奶乳头需略长，初产的母牛乳头以 5 厘米最佳，二胎以上长度可稍大。乳房部分皮肤要细致皮薄，覆盖有稀疏短毛，乳房及下腹的乳静脉要明显外露且粗大，弯曲多、分枝多、延伸深。优质的奶牛乳房质地松软且富有弹性，并具有一定的伸缩度，若触摸感到结实坚硬如同肉质则为劣质乳房。

5.生殖器特征

母牛的生殖器官与其生产性能关系密切，通常需要保证母牛的腹部宽、大、深、圆，尻部要长、宽、平、方，两腰角的距离要较宽且肌肉充实。选择高产奶牛时，对于青年母牛需要注意其是否患有子宫疾病、持久黄体、卵巢囊肿等不孕生殖疾病，可以和专业兽医一起进行检查诊断；对于青年公牛则需要注意其是否为单睾或隐睾。

在选择过程中需要注意异性孪生的母牛，其外生殖器通常较小且阴门下角着生长毛，阴蒂大且凸出，从脐部到乳房间隐见阴茎痕迹，且乳房发育不良。

（三）奶牛体型外貌鉴定方式

在选择高产奶牛的过程中，可以使用对应的奶牛体型外貌鉴别评分表进行打分，根据得分选择高产奶牛，如选择中国荷斯坦牛可以运用中国奶牛协会制定的中国荷斯坦牛外貌鉴别评分表来打分，主要分为母牛和公牛鉴别评分表两类，公牛得分在 85 分以上属于特等，80 ~ 84 分属于一等，75 ~ 79 分属于二等,70 ~ 74 分属于三等；母牛得分在 80 分以上属于特等，75 ~ 79 分属于一等，70 ~ 74 分属于二等，65 ~ 69 分属于三等。犊牛的泌乳系统发育并不完全，因此可以作为次要部位评定，同用该标准进行评定即可。

另外，20 世纪 80 年代被广泛应用的奶牛体型外貌线性评定技术，也可以应用到奶牛的选择过程和育种过程中，线性评定标准有两类方式，一种是 1 ~ 50 分，一种是 1 ~ 9 分，中国主要采用的是 1 ~ 50 分的评定标准。中国奶牛协会在 1990 年制定了中国荷斯坦牛的线性评定标准并于 1994 年进行修订，通过对 15 个主要性状、14 个次要性状、4 个主要管理性状和 3 个次要管理性状进行评定来打分，并通过分数来确定奶牛的整体评分，最终划分为 6 个等级。

二、选择健康奶牛

在选择奶牛时，高产奶牛的体型外貌特征需要符合上述的内容，另外在饲养过程中还需要注意筛选带有遗传缺陷的奶牛和生病的奶牛，以确保奶牛群体的健康和生产性能良好且均衡。

（一）筛选带有遗传缺陷的奶牛

奶牛比较常见的一些遗传缺陷表现在体型外貌上多数属于隐性遗传，所以通常不易被发现，在饲养过程中需要注意一些细微的情况，及时筛选有遗传缺陷的奶牛，一旦发现就要淘汰，以避免遗传给后代。奶牛具体的体型外貌遗传缺陷如表 1-7 所示。

表 1-7　奶牛体型外貌的遗传缺陷特征

缺陷范围	遗传缺陷名称	具体外在表现和症状	缺陷基因特征
乳头	多乳头	副乳头类似正常乳头，少数较偏，大小不均衡	隐性遗传
	小乳头	乳头之上又长出小乳头	
	白化和乳头粘连缺失	被毛、皮肤和眼睛等缺乏色素，呈现白化特征，乳房同侧的乳头部分出现粘连	
头部	歪脸	脸部鼻的发育不对称，面部不正	
四肢及蹄	屈肢	后肢严重畸形，飞节紧靠体躯，无法前屈	
	软肢	四肢关节活动无定向，无功能	
	肢势不正	前后肢的前踏或后踏	
	蹄叉	两蹄瓣不均匀，出现交叉呈剪刀状	
	前蹄向外	前蹄呈外八字形	

缺陷范围	遗传缺陷名称	具体外在表现和症状	缺陷基因特征
四肢及蹄	飞节粗糙	飞节内外较大且粗糙，易磨损	
体躯	双肩峰	两肩中央出现凹陷	隐性遗传
	窄胸	胸部不够宽阔，过窄	
	束腰	腰两侧向内凹陷，影响体内器官	
	腰背不平	尾根到十字部之间的椎骨不平，或十字部左右不平	
	尾歪	尾根歪斜，阴门易受到污染	

（二）筛选生病的奶牛

在选择奶牛和饲养奶牛过程中，难免会遇到奶牛出现疾病而不太健康的情况，这时就需要及时将生病的奶牛筛选出来，从而及时对生病的奶牛进行医治，尤其是一些病症并不明显的情况，需要通过生病奶牛和健康奶牛的比较来分辨，具体内容如表1-8所示。

表1-8　生病奶牛和健康奶牛的区别

对比项目	健康奶牛特征	生病奶牛特征
采食	食欲旺盛且采食过程速度快，吃饱后在30分钟左右开始反刍	草料新鲜时奶牛不愿吃或采食很少，则奶牛可能生病
体温	将温度计放入奶牛直肠测量肠温，正常温度为37.5～39.5℃	若奶牛温度低于37.5℃很可能患有中毒性疾病、大出血、内脏破裂等；若高于39.5℃或冷热交替，则可能患有寄生虫病或慢性结核
神态	眼睛灵活且尾巴不时摇摆，皮毛光亮，动作敏捷，整体神态活泼	皮毛粗乱无光，眼睛无神，习惯性呆立或尾巴不摇动
鼻镜	任何气候温度，不论昼夜鼻镜会不断冒出汗珠，鼻镜颜色红润不受气候影响	鼻镜干燥无汗珠，通常是奶牛患病的表现

对比项目	健康奶牛特征	生病奶牛特征
粪尿	落地的粪便为圆形饼状，边缘高中心凹，散发新鲜牛粪味（草木和中药味道）；尿液为透明的浅黄色	粪便粒状或拉稀，伴有恶臭、血液或脓汁；尿液颜色变黄或变红
产奶量	每次产奶量都较为平稳	产奶量突然大幅下降

三、奶牛的生产性能测定方法

奶牛生产性能的测定，需要通过对泌乳奶牛的产奶量记录来作为基础资料，从而评定奶牛的具体生产性能。通常测定所需数据包括个体产奶量和群体产奶量、乳脂率和饲料报酬等，本书主要介绍个体产奶量、群体产奶量、排乳性能和饲料转化率的测定方法。

（一）奶牛个体产奶量记录和计算

测定奶牛个体的产奶量，最准确的自然是记录每次产奶量最终得出年产奶量，但若非机械挤奶，牧场每次记录耗费成本和精力过大，因此可由挤奶员每月记录三次，每次间隔 8 ～ 11 天，将记录的产奶量和间隔天数相乘最终相加来得出个体每月产奶量。

正常情况下奶牛每年的平均泌乳期为 305 天，要计算奶牛个体 305 天的产奶量，则需要遵循一定的标准。若奶牛的泌乳期不足 305 天或恰好 305 天，则按照实际产奶量进行记录，如泌乳期为 270 天，则按 270 天产奶量记录；若奶牛泌乳期超过 305 天，则仅记录 305 天中的产奶量，超出部分不进行计算。

因为有些奶牛的泌乳期不足 305 天，为了方便对奶牛的后裔进行生产性能测定，所以需要对泌乳期长短不一的产奶量进行校正，以便计算出产奶期为 305 天的校正产奶量。根据母牛胎次的不同和泌乳期时间的不同，中国奶牛协会制定了对应的校正系数表（表 1-9）。

表1-9　泌乳期305天校正系数表

泌乳期实际天数	胎次为1	胎次为2～5	胎次为6及以上
240 天	1.182	1.165	1.155
250 天	1.148	1.133	1.123
260 天	1.116	1.103	1.094
270 天	1.036	1.077	1.070
280 天	1.055	1.052	1.047
290 天	1.031	1.031	1.025
300 天	1.011	1.011	1.009
305 天	1.000	1.000	1.000
310 天	0.987	0.988	0.988
320 天	0.965	0.970	0.970
330 天	0.947	0.952	0.956
340 天	0.924	0.936	0.900
350 天	0.911	0.925	0.928
360 天	0.895	0.911	0.916
370 天	0.881	0.904	0.993

通过泌乳期实际的产奶量和校正系数相乘，则能够得出305天校正产奶量，具体选择的校正系数，以实际泌乳期天数四舍五入进行选择，根据此数据可以对母牛后裔进行生产性能的评定。若计算个体年度产奶量，则要将全年每一天计算在内，包括干奶期。

（二）奶牛群体产奶量记录和计算

奶牛群体产奶量的统计可以按两种方法进行计算，一种是按照牛群的全年实际饲养奶牛的头数来计算成年母牛全年平均产奶量，另一种是按照牛群的全年实际泌乳牛的头数来计算泌乳牛的年平均产奶量。

第一种计算方法可以作为衡量饲料报酬、生产成本、管理水平的相关依据，即奶牛群体中成年母牛的全年平均产奶量＝整个群体全年总产奶量／全年平均每天饲养的成年母牛头数。其中，全年平均每天饲养成年母牛头数包括干奶牛、泌乳牛、购进的成年母牛、卖出的成年母牛、死亡之前的成年母牛等。

第二种计算方法可以作为衡量群体产奶能力、奶牛群体质量、饲养管理水平的相关依据指标，即泌乳牛的年平均产奶量等于整个群体全年总产奶量和全年平均每天饲养的泌乳牛头数相除。其中泌乳牛头数仅包括泌乳期的母牛，不包括干奶期的母牛和其他母牛。

（三）排乳性能的测定

随着机械排乳化的普及，排乳速度得到了广泛重视，排乳快的奶牛比较适宜进行机械挤奶，尤其是适宜转盘式的挤奶机。不过不同品种的奶牛排乳速度有所不同，同时排乳速度的遗传力也较强，比较有利于选种，即选种排乳速度较快的奶牛育种可以有较大概率得到排乳速度较快的后裔。

排乳速度的测定可以通过每 30 秒或每分钟奶牛排出的奶量，并结合产奶记录进行。中国荷斯坦牛的排乳速度指标为每分钟 3.61 千克；德国黑白花牛的排乳速度指标为每分钟 2.5 千克；德国西门塔尔牛的排乳速度指标为每分钟 2.08 千克。

另外，奶牛的前后乳房发育较为匀称也有利于机械挤奶，通常奶牛的左右乳区的产奶量差别不大，但前后乳区的产奶量却差别较大，一般前乳区的产奶量低于后乳区，前乳房指数＝两个前乳区的产奶量／总产奶量 × 100%。不同品种的奶牛的前乳房指数有所不同，且不同胎数的母牛前乳房指数也有所不同，中国荷斯坦牛的为 40% ～ 46.8%，西门塔尔牛的平均为 43.4%，丹麦红牛的平均为 44.4%。

（四）饲料转化率的计算

饲料转化率是衡量奶牛生产性能品质的重要指标，同时是重要的奶牛育种资料，以及评定奶牛饲养成本的依据。计算奶牛的饲料转化率有两种方式，一种是每千克饲料干物质所对应的产奶量，一种是每千克产奶需要的饲料干物质量。

每千克饲料干物质所对应的产奶量＝奶牛群体整个泌乳期总的产奶量／此阶段饲喂的各种饲料干物质总量；每千克产奶需要的饲料干物质量＝整个奶牛群体泌乳期饲喂的各种饲料干物质总量／整个泌乳期总的产奶量。

以高产奶牛为例，高产奶牛的每日最大采食量应该占据体重的 4%，也就是说每产出 2 千克奶，至少就需要采食饲料干物质 1 千克，否则就容易导致奶牛体重下降甚至生产性能降低。

通过上述多个不同的指标和数据，则可以较为综合地对奶牛的生产性能进行测定，这不论对奶牛饲养前的奶牛选择，还是对奶牛饲养过程中的管理手段优化都有一定的促进作用。

第二章 奶牛养殖场的设计与建设

第一节　奶牛养殖场环境的基本要求

奶牛养殖场环境不仅需要满足奶牛养殖者的追求和目标，同时需要满足奶牛对环境的要求和需求，以便在符合社会农牧业发展规划和土地发展规划等基础上，充分发挥奶牛的生产性能。

一、奶牛对环境的基本需求

奶牛对环境的基本需求，主要体现在外界环境的温度、环境的湿度和养殖场内环境三个主要层面（图 2-1）。

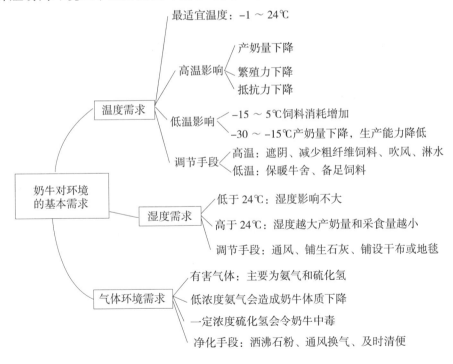

图 2-1　奶牛对环境的基本需求

（一）奶牛对养殖场温度的需求

奶牛的祖先是一种寒带动物，因此其生产性能对温度的需求偏向较低的温度，通常养殖场的温度在 –1 ～ 24℃时，奶牛的产奶量和所产牛奶的成分等不会有剧烈的变化，但超出这一范围就会带来一定的影响。

1. 高温对奶牛的影响

奶牛的耐高温性较差，因此高温的养殖场环境不仅可能导致奶牛的产奶量降低，甚至还会影响奶牛的繁殖率。不同品种的乳用型奶牛的耐热性有所不同，如原产于欧洲的品种牛，通常耐寒但不耐热，气温超过 21℃就会对其体温造成一定影响；而原产于热带或亚热带的乳用型水牛或乳用型瘤牛，则具有较高的耐热性，当外界气温达到 32℃以上时其体温才会开始上升。

中国奶牛养殖场普遍饲养的是中国荷斯坦牛，因原产于欧洲，因此属于耐寒不耐热的品种，其最适宜生活的环境温度是 10 ～ 15℃，当温度较高时其产奶量、繁殖能力、抵抗力等会普遍下降。

（1）高温对奶牛产奶量的影响。以 15℃情况下奶牛产奶量为 100% 来分析，当外界温度达到 21℃时，产奶量会下降到 89% 左右，当外界温度上升到 29℃时，其产奶量会下降到 69% 左右，若外界温度达到 38℃，其产奶量会下降到 27% 左右，即温度越高，产奶量越低。

温度升高对荷斯坦牛产生的影响如此严重，除了该品种奶牛的遗传影响外，还和其产奶过程中的特性有关，主要表现在消化饲料和产奶热量释放方面。

奶牛采食主要是粗饲料，其中的粗纤维含量较高，而又因为奶牛采食的量较大，因此奶牛在消化粗饲料的过程中的热增耗也会非常大，如奶牛的瘤胃在发酵饲料过程中不仅会产生甲烷，而且会产生大量的热量。

另外，奶牛产奶量越高其产生的热量越多，其提高产奶量自然需要增加采食量，同时牛乳的合成代谢也会加快从而导致大量热量产生，如每天产奶 20 千克的奶牛，其产热量要比干奶期的奶牛高一半左右。

在这种特性下，奶牛在夏季对热应激会更加敏感，当外界温度过高时其产奶量就会快速下降，同时产出的牛奶中所含的乳蛋白和乳糖等合成代谢要释放大量热量的物质就会减少，从而会影响牛奶的品质。

（2）高温对奶牛繁殖能力的影响。高温会令公牛的精液品质降低；同时高温会令母牛的繁殖率大幅下降，这主要是因为受精率下降和胚胎早期死亡率提高了，当外界平均温度从33℃达到41℃时，母牛的受胎率会从61.5%降到31%。也就是说，高温环境下，不论使用来自哪种气候条件的公牛精液对母牛进行人工授精，其繁殖率均会出现降低。

另外，高温环境下奶牛的采食量会大幅度下降，过高的温度容易令奶牛食欲不振、精神萎靡，这就会导致奶牛的泌乳量大幅下降，从而影响其生产力。

（3）高温对奶牛抵抗力的影响。高温状态下的奶牛不论是精神状态还是身体状态都会出现下滑，采食量减少，同样会造成奶牛自身的抵抗力出现大幅下滑，从而导致奶牛容易生病，这也是夏季奶牛发病率通常会增加的重要原因。

因此，奶牛养殖场需要在夏季对奶牛采取降温防暑措施，这样才能有效保证奶牛的高效生产。

（4）降温防暑的具体措施。高温对奶牛生产性能的影响严重，因此在进行养殖场的建设时需要考虑对应的降温防暑的措施，具体可以从四个角度着手。

首先，需要防止太阳辐射对牛舍温度的影响，可以在牛舍屋顶加装隔热层和具体的遮阴，如加厚隔热层、运用保温隔热材料等，但是这种方法成本较高而且作用有限，比较经济的做法是在养殖场周围多种植一些高大的树木或遮阴的植物，这样不仅能够给牛舍进行遮阴隔热，同时能够绿化环境，促进牛舍的空气流通，使空气质量提高。

在南方较为炎热的养殖场则需要在奶牛的运动场搭建可供奶牛乘凉降温的凉棚，这样可以保证奶牛能够待在凉棚中，避免太阳直射从而造成体温过高。

其次，从奶牛自身着手降低其产热，这需要将奶牛的饲料进行合理搭配，在保证奶牛营养需求的基础上尽量减少粗纤维类饲料的采食量，提高饲料的蛋白质水平，以有效减少奶牛在采食和消化过程中的产热，降低奶牛的体温。

再次，针对性地增加一些奶牛散热的手段和途径，若进入高温天气，当外界温度低于牛体的温度时，如外界温度为30℃，低于牛体的最低温度37.5℃，这时给奶牛散热的较有效的途径是对其进行体表吹风降温，这样能够有效加快牛体表的对流散热和蒸发散热；若外界温度高于牛体的温度时，就无法运用吹风对流形式对其进行降温，则需要采用间歇性淋水的措施来辅助牛体散热，淋水使用的水温度需要在27℃以上并低于牛体温度，这样可以弥补牛体汗腺不发达的不足从而保证其体温平稳；若外界温度较高（低于牛体温度）且气候较为干燥，这时就可以采用淋水配合吹风的方式，保持牛体表湿润，吹风加快体表蒸发，从而有效促进牛体散热，通常这种措施能够使奶牛的泌乳量提高15%以上。

最后，可在奶牛的精饲料中加入一定的钠盐和钾盐，并提高饮水供给量，通常可以将精饲料的含盐量从2.5%提高到6%，每日在饲料中补充氯化钾180克，这样可以使奶牛的饮水量增加10升左右。同时可以促进奶牛的排汗，进而有效提高牛体散热。

2. 低温对奶牛的影响

前面已经提到牛的祖先是寒带动物，因此其对低温环境较为适应，自身的调节能力也较强，通常能够承受低于其体温20～60℃的温度范围，如奶牛处在10℃的环境中和处在–15℃的环境中，其体温并不会有明显的变化。因此，低温对奶牛的产奶量和繁殖功能的影响并不像高温那么明显，但同样会对奶牛有所影响，主要表现在两个方面：一个是低温环境下奶牛为了保持体温恒定，必然会通过增加采食量来提高产热，所以会相应地使饲料消耗提高；另一个是进入极端寒冷条件下，母牛发情和排卵就会被限制，从而影响其生产能力。

不同的奶牛品种、性别、年龄、个体的耐寒性有所不同，不过同品种奶牛的耐寒性不会相差太大，如荷斯坦牛在–15～5℃的低温环境下，饲料消耗会增多，但产奶量不会有明显变化；但进入–30～–15℃的低温范围内，会随着温度的降低而使产奶量降低。

中国北方地区饲养荷斯坦牛，冬季需要备足饲料，最好能够拥有保暖条件较好的牛舍，还要注意避免牛舍出现穿堂风造成温度大幅降低情况的发生，这样对奶牛的产奶量影响不会太大；而南方地区饲养奶牛则不需要特别的防寒保暖措施，可以直接运用开放式或半开放式牛舍，保证其通风和温度平稳变动即可。

（二）奶牛对养殖场湿度的需求

本书在奶牛的生理特征部分曾提到，同等温度条件下，若相对空气湿度过高，奶牛的产奶量就会出现骤降，如果温度也偏高，对奶牛的产奶量影响就会更大。

空气湿度对奶牛的具体影响，是以 24℃为分界线，当外界温度在 24℃以下，空气湿度的变化对奶牛的产奶量、牛奶成分和质量、饲料利用率等没有太明显的影响；但当外界温度高于 24℃时，空气湿度的变化就会对奶牛产生较为明显的影响，若空气相对湿度升高，奶牛的产奶量和采食量就会有所下降。

因此，奶牛对空气湿度的适应性主要取决于环境的温度，在高温状态下，湿度越高对奶牛的影响越大，而相对凉爽干燥的环境则适宜奶牛发挥最大的生产能力。之所以在 24℃以上奶牛会受到空气湿度的影响，是因为奶牛的牛体在高温条件下需要通过排汗蒸发来散热，若外界的相对湿度过大，奶牛的散热就会更加困难，从而造成牛体积攒的热量无法排出，从而产生比单纯高温更剧烈的热应激，产奶性能乃至采食量也会出现大幅度的下滑。

另外，高温高湿不仅会令奶牛的产奶量下降，还会对奶牛所产牛奶的质量有所影响，如在气温 26.7℃、空气相对湿度 80% 状态下，以及气温 32.2℃、空气相对湿度 50% 状态下，奶牛所产牛奶的乳脂率会减少，非脂固形物含量也会显著下降。针对奶牛的这种特性，想要获得质量更高的牛奶，就需要注意同等温度下保证空气相对湿度在 47% 以下。

因此，养殖场可以使用以下几种手段来降低牛舍的空气湿度，一是外界湿度较低时加强通风换气；二是节制用水，尤其是注意减少地面积水，避免湿度攀升；三是温度不太高的情况下，可在牛舍地面铺撒一定量的生石灰吸湿；四是大环境不易控制则可以注意烤干铺布或地毯，避免地面潮湿；五是可以在布水管时多设些低温水管来吸附潮气，同时匹配良好的排水系统等。

（三）奶牛对养殖场内环境的需求

奶牛生活和成长的场所中，比较主要的一个场所就是较为封闭的牛舍，牛舍的内环境中对奶牛影响较大的就是其空气质量和洁净度。

牛舍中的空气受到奶牛呼吸作用、生产过程、有机物的分解、奶牛排泄物、饲料和有机物的分解等因素影响，化学成分会和外界流通的空气有巨大差别，不仅其中的氧气、氮气、二氧化碳等主要气体的含量有所差别，而且还会汇集很多流通空气中没有的气体成分，如由奶牛排泄物、饲料和有机物分解产生的氨气、硫化氢、少量甲烷等，这些气体对奶牛的健康会有一定的影响，同时会对奶牛的产奶量造成一定的影响，甚至可能会影响奶牛所产牛奶的品质。此外，这些污染性气体还会对养殖场附近的居民造成影响，不仅会损害居民的健康，还会对环境造成污染。

奶牛养殖场散发的有害气体主要有氨和硫化氢，其中氨主要由细菌和酶分解奶牛粪尿而产生，其不仅能够溶解或吸附在养殖场较为潮湿的地面和墙壁上，还会吸附在奶牛的黏膜上，长期处在低浓度氨的环境中的奶牛的体质会变弱，采食量也会对应下降从而影响产奶量；硫化氢则主要由奶牛的粪便产生，通常新鲜的粪便中含硫有机物量并不大，但若通风不良或对粪便清理不及时，就容易使硫化氢的浓度增加，甚至会达到令奶牛中毒的浓度，这样轻则影响奶牛的产奶量，重则可能会导致奶牛死亡。

要减轻这些有害气体对奶牛的影响和对环境的影响，可以在养殖场的饲料或地面垫草中添加除臭剂，也可以在饲料中加入一定的沸石粉，通常可以在饲料中添加 5% 的沸石粉，沸石粉能够选择性地吸收奶牛胃中的细菌、氨、硫化氢和二氧化碳等，同时具备一定的吸水作用，能够有效降低牛舍中空气的湿度和粪便水分，减少有害气体的产生，该计量的沸石粉能够令牛舍中氨气的含量降低 30% 以上。

对奶牛粪便的清理和处理，可以使用土地还原法、厌氧发酵法、生态工程处理法、人工湿地处理法等，从而有效地将粪便利用起来，这样既能减少有害气体的产生和含量，也能够形成生态循环利用。

还要保证牛舍的通风换气，确保其内环境的干燥和空气流通，这样才能给予奶牛一个干净的内环境，从而促使奶牛发挥自身最大的生产性能，确保产出的牛奶具备较高的品质。

二、奶牛养殖场环境的确定和申办

奶牛养殖追求的是奶牛健康成长和生产，实现高产、优质、高效、可持续发展的目标，这就需要选择最适宜的养殖场环境，并确定规模和建设地址，最终进行申办。

（一）奶牛养殖场规模的确定

较为符合规模化奶牛养殖的牛舍设计是散栏饲养，这属于机械化奶牛养殖场的一种，其最大的优势是能够满足奶牛的全天候自由采食和自由运动的需求；饲喂采用全自动模式，更加科学高效；挤奶则主要依托于机械厅挤奶，包括鱼骨式挤奶和转盘式挤奶，能够将饲养区和挤奶区分离，有效保证了牛奶的卫生和质量；粪便清理采用机械清理和人工清理相结合的方式，可以有效保证养殖场的环境。

在建设养殖场之前，需要确定合理的规模，这是奶牛场区规划和设计的依据和根本。确定奶牛养殖场的规模需要考虑六个方面的内容，具体如图 2-2 所示。

图 2-2　确定奶牛养殖场规模需要考虑的因素

1. 自然资源

自然资源指的是饲养奶牛所需要的丰富饲草和饲料资源，这是制约养殖场规模的关键制约因素，而且地域的生态环境情况也会对养殖场规模产生一定的影响。通常新建奶牛养殖场需要先进行环境评估，确保其不会对周围的环境造成污染，同时周围环境不能对养殖场造成污染。

2. 奶牛品种

进行规模化奶牛养殖，需要根据相关乳品加工产品对原料的品质要求和数量要求来选择合适的奶牛品种，并确定引进奶牛的数量。不同的奶牛品种有不同的体格，同样会影响奶牛养殖场的占地面积，一亩地八头牛的配置较为符合中国荷斯坦牛的体型，但若选择其他品种，如娟姗牛，其体格较小，因此对应配置的土地可适当减小。

养殖者不仅需要在场地大小方面考虑奶牛的品种，在设计对应的牛舍、挤奶厅、配备内部设施的过程中同样需要充分考虑奶牛的品种，以便场地和设施能够匹配奶牛体格大小，给予奶牛一个舒适的生活环境。

3. 资金情况

奶牛饲养需要的前期资金投入较多，而且其投资回报的周期也较长，尤其是在养殖场建设、奶牛引进、饲养管理等方面需要耗费大量资金，这就需要在建设养殖场之前进行必要的资金分析，从而量力而行。

通常奶牛养殖场的建设需要包括必需的牛舍、挤奶厅、粪污处理、青贮窖、附属设施、饲喂设备、场地、奶牛数量等，不同的规模和养殖场要求对资金的需求情况会有很大不同，因此养殖者需要综合考虑各方面的因素，以便根据自身的资金情况确定具体的养殖场规模。

4. 场地面积

规模化奶牛养殖通常按照每八头奶牛一亩地的模式选地，通常 2 000 头奶牛的牧场场地面积要大于 250 亩，3 000 头奶牛的牧场场地面积要大于 375 亩，且选择的地块长宽比尽量为 1 ∶ 1，即方形场地土地的利用系数最高。

较为理想的养殖场是存栏 1 000 ～ 1 500 头奶牛，占地面积为 150 ～ 180 亩，采用散栏饲养，运用全混合日粮（TMR）饲喂方式，其中牛舍、挤奶厅等建筑占比为 20% ～ 25%，道路占比为 8% ～ 10%，绿化占比为 30% ～ 35%，运动场地占比为 35% ～ 40%。以上述模式进行场地面积选择和规划，能够最大化利用其中的土地。

5. 经济环境

奶牛养殖场的规模确定，还需要考虑地域的外在经济环境，如社会经济条件、社会服务程度、市场价格体系、价格政策等会对养殖场的规模造成一定的影响。

当外在经济环境较好时，民众的生活水平更高，则消费牛奶的意愿会更高；市场价格体系、价格政策越健全越稳定，则市场竞争更加公平；社会服务程度越高，整体消费环境就会越好。即经济环境越好对奶牛养殖场规模的需求越高，因此在确定养殖场规模时要将经济环境的因素考虑在内。

6. 饲草种植

奶牛养殖需要消耗大量的饲料，尤其是粗饲料的耗费量更大，养殖场不可能一直依托于外界购买饲料，因此养殖场需要配备对应的饲草种植土地，以便满足牧场青贮饲料的用量，通常每头成年奶牛需要配置 2～3 亩的饲草种植土地。即便养殖场自身不配置足够的饲草种植土地，也需要使养殖场和饲草种植场临近，以确保能够满足奶牛的生产和成长消耗。

（二）奶牛养殖场的建设选址

奶牛养殖场的建设选址，需要进行周密考虑、统筹安排和具有长远打算和规划，不仅要符合社会和地方的建设和发展规划，考虑风向、水流、污染等情况，而且要满足奶牛生产管理的需求。只有满足上述三个大方向的要求，才能够令养殖场长远发展。

首先，奶牛养殖场的选址需要符合当地的土地利用发展规划、农牧业发展规划以及农田基本建设规划，通常养殖场位置会临近村镇，因此也需要满足村镇的建设发展规划，以及不影响当地未来一段时间修建住宅的土地利用规划。

在满足上述社会和地方规划要求基础上，还需要适应现代化养牛业的需要，包括场址要供电方便、交通便利、草料供应充足、水资源丰富等，这样既能够节约运费，有效保证水电的供应，同时能够降低投入成本。

其次，奶牛养殖场的选址应该符合动物防疫要求，需根据当地常年的主导风向，将场址选在居民区、公共建筑区的下风向，距离居民区至少3 000 米以上；不能处于屠宰场、制革厂、化工厂、造纸厂等易造成污染的工业性企业的下风向，即使处于上述工业性企业的其他位置，也需要远离其 1 500 米以上；距离地方交通要道、各类企业、其他牧场、畜产品加工厂等也要 1 000 米以上。

奶牛养殖场所在地应该能够控制噪声在 90 分贝以下，以避免对奶牛的成长和生产造成不利影响。同时为了保护人文景观和地方环境，旅游区、水保护区、自然保护区、环境污染严重区、家畜疫病常发区、山谷和洼地等易受洪涝威胁、政府划定的限养区和禁养区等均不得建场。这样做，一方面是为了避免影响生态环境，方便实现人类的可持续发展需求，另一方面是避开疫病区和污染区，避免奶牛养殖场成为疫病源头和受到疫病影响，因为很多疫病区和污染区的土壤、水质等都会缺乏某类元素或某类元素过多。

最后，奶牛养殖场的选址要满足奶牛饲养生产管理需求，场地应该处在地势较高、气候干燥、空气流通性好、背风向阳、光照充足的地址，整个场地要较为平坦，坡度最好小于20°。

奶牛养殖场需要土质良好、地下水位低、排水良好且易改造的地质条件，土壤质量需要符合《土壤环境质量 农用地土壤污染风险管控标准（试行）》（GB 15618—2018）的规定，以沙壤土最佳，此类土质松软且透水性强，雨后也不易出现硬结，尿液和雨水不易积聚，有利于养殖场的整体清洁和卫生干燥，可以有效预防奶牛蹄病和卫生不佳造成的其他疾病的发生。

另外，场地所使用的水源需要符合《生活饮用水卫生标准》（GB 5749—2006）的规定，即满足家畜饮用水的具体质量标准：每升饮用水中镉含量低于0.005毫克、汞低于0.001毫克、铅低于0.01毫克、砷低于0.01毫克、盐分低于300毫克、硝酸盐低于10毫克、菌落总数低于10 000个。饮用水中总固体含量不能超过1.5% ~ 1.7%，水清亮透明无异味。

（三）奶牛养殖场的申办流程

随着社会和经济的发展，以及科学技术普及化的影响，奶牛养殖场的建设已经逐渐向标准化和规模化发展，这是畜牧业发展的整体方向，也是中国大力扶持的产业项目，因此在建设规模化奶牛养殖场之前，必须熟悉对应的申办流程。

在申办之前，养殖者需要先熟悉和了解规模化奶牛场建设需遵守的各种标准和规范，例如：《土壤环境质量 农用地土壤污染风险管控标准（试行）》（GB 15618—2018）、《生活饮用水卫生标准》（GB 5749—2006）、《粪便无害化卫生要求》（GB 7959—2012）、《污水综合排放标准》（GB 8978—1996）、《畜禽养殖业污染物排放标准》（GB 18596-2001）、《恶臭污染物排放标准》（GB 14554—93）、《奶牛场卫生规范》（GB 16568—2006）、《饲料卫生标准》（GB 13078—2017）、《病害动物和病害动物产品生物安全处理规程》（GB 16548—2006）、《村镇建筑设计防火规范》（GBJ 39—90）、《无公害食品 畜禽饮用水水质》（NY 5027—2008）、《无公害食品 奶牛饲养兽医防疫准则》（NY 5047—2001）、《无公害食品 畜禽饲料和饲料添加剂使用准则》（NY 5032—2006）、《无公害食品 奶牛饲养管理准则》（NY/T 5049—2001）、《畜禽场环境质量标准》（NY/T 388—1999）等。

养殖者在了解和熟悉了上述各项标准和规范后，则需要按照自身规划和需求进入申办流程，具体流程步骤如图2-3所示。

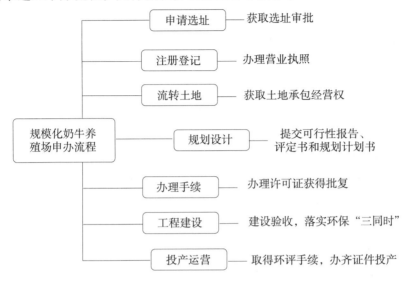

图2-3　规模化奶牛养殖场的申办流程

1. 申请选址

养殖场的选址必须为地区规定的准建区，具体要求在《中华人民共和国畜牧法》和《中华人民共和国动物防疫法》中进行了明确规定。

养殖者选好地址后需要向对应地区人民政府提交详细方案，需阐明具体发展规划和粪污处理利用方案等，在畜牧部门会同多方相关部门进行现场踏勘后形成选址意见，最终审批后通知申请人。

2. 注册登记

选址申请通过后，养殖者需到当地工商部门注册并办理工商营业执照。

3. 流转土地

奶牛养殖场选址登记后，养殖者还需要根据《中华人民共和国土地管理法》《中华人民共和国农村土地承包法》等法律法规的规定，以合法方式取得土地承包经营权，及时做好土地变更调查和登记，并根据《自然资源部自然用地管理有关问题的通知》的相关规定进行备案，或按照规定办理审批手续等。

4. 规划设计

养殖者需要委托拥有对应资质的单位编写《规模化养殖场可行性报告》，

详细阐述项目情况，并匹配项目规划平面图和施工设计图，以便各部门进行审查和备案；通过后需要根据饲养奶牛数量编制环评报告书（奶牛数量≥200头）或环评报告表（奶牛数量<200头）；根据需要编写对应的文件，包括《安全评定书》《用水设计》《能源评定书》等，当可行性报告通过后需要向土地局和设计局提交《土地规划设计书》和《建设规划设计书》。

5.办理手续

上述报告都需要对应提交到相关部门，根据部门办理相关许可证和手续，各方批复之后即可进行工程建设。

6.工程建设

根据对应的项目设计进行养殖场建设，需要确保落实环保工程与主体工程同时设计、同时施工、同时运行的制度，严格按照规划设计方案进行标准化、规范化建设。

7.投产运营

土建工程结束需要报告验收，各方验收之后取得环评手续等，再到对应畜牧兽医主管部门备案登记办理相关动物防疫条件合格证和种畜禽生产经营许可证，所有手续办理齐全后即可引进奶牛投入生产。

第二节　奶牛养殖场的主要布局

设计和建设奶牛养殖场的最终目的是最大化地发挥奶牛的生产性能，挖掘奶牛的生产潜力，在保证满足社会和环境要求的基础上，实现成本最大化利用，因此奶牛养殖场的规划设计和建设需要遵循一定的原则，还需要进行科学合理布局以达到饲养要求。

一、奶牛养殖场的建设原则

规划设计和建设奶牛养殖场需要给奶牛创造适宜的生活环境和生产环境，在保障奶牛健康成长的基础上进行正常的生产，以最小化的成本投入获取更多更高质量的产品和获取较高的经济效益，这就需要人们在建设过程中遵循以下四个原则。

（一）创造适宜奶牛生活生产的环境

从畜牧业角度而言，家畜的生产力有 20% 取决于选择的品种，有 40% ~ 50% 取决于供应给家畜的饲料，有 20% ~ 30% 则取决于家畜生活生产的养殖场环境。对于奶牛养殖而言，不适宜的养殖场环境会使奶牛的生产力下降 10% ~ 30%，即便饲喂全价饲料，但没有适宜的环境奶牛也无法将饲料最大限度地转化为产品，会降低饲料的利用率。

规划设计和建设奶牛养殖场时必须满足奶牛对环境条件的各个要求，包括温度、湿度、通风、光照、空气质量等，对奶牛而言温度要求最为严格，因此养殖者需要充分考虑养殖场所在地的气候特性，针对奶牛品种对环境的要求进行科学的规划设计，为奶牛创造适宜生产和充分发挥其生产力的环境。

（二）符合奶牛生产工艺的基本要求

奶牛的生产工艺主要包括三方面内容。

一是符合和满足奶牛的品种、群体的结构、数量、饲养模式等的要求，即奶牛养殖场的布局设计和建设需要依托奶牛的品种特性、群体的数量和结构以及群体的成长特性和预期饲养模式选择和设计。

二是符合奶牛饲养的周转方式，包括草料制作和运送、饲料的饲喂、奶牛的饮水要求、奶牛的运动需求、奶牛的生产需求（主要包括挤奶、人工授精、生产护理）、粪尿清理和处理等，不仅每一项饲养要求需要达标，而且要做到顺畅无阻，以确保饲养过程的周转，保证生产的顺利进行。

三是满足奶牛畜牧兽医技术措施的实施，包括测量、称重、采精输精、防治疾病、生产护理等技术措施。

对养殖场进行布局规划和设计时，需要将上述各项生产工艺的要求了然于心，进行合理布局，以便达到降低奶牛生产成本、简化运营流程、提高生产效率的目的。

（三）符合奶牛生产的卫生防疫要求

奶牛养殖场通常会进行奶牛的规模化饲养，奶牛的数量一般会比较庞大，因此在进行养殖场布局规划和设计时，一定要考虑防止疫病传播的要求，因为流行性疫病对奶牛养殖场会造成严重的经济损失，会对整个养殖场产生较大的威胁。

在布局规划和设计时，要根据对应的奶牛防疫要求对养殖场的场地进行合理布局，包括确定畜舍的朝向、间距、通风，以及匹配的消毒设施，合理安置污染物的设施和处理污染物的设施等。养殖场的各个单元设置需要尽量减少相关工作人员和奶牛的交叉，需要设置完善的隔离设施和防疫设施，以确保疾病不会造成大范围传播。

（四）布局经济合理且技术可行

在满足上述三个原则的基础上，奶牛养殖场的布局设计和建设还应该尽量降低设备投资、工程造价等，以实现降低生产和建设成本的目的。奶牛的养殖过程不可能完全处于封闭状态，尤其是奶牛需要足够的运动才能够保证其体质健康，因此在规划养殖场的布局时，需要尽量利用好自然界的有利条件，包括自然通风、自然光照、自由运动等。

本着建筑满足各方需求的基础上足够紧凑，有效节约土地并提高土地的利用率的原则，建设过程中要尽可能地就地取材，并满足当地建筑施工的习惯，以便做到有效节约建设成本。同时，需要满足规划布局和各种设计完全可行的要求，即各种设计方案和想法可以通过施工得以实现。

二、奶牛养殖场的布局和配置要求

根据奶牛养殖场的生产工艺要求，整个养殖场的布局通常分为五个主要区域，分别是生活管理区、生产辅助区、饲养生产区、病牛隔离区、粪污处理区，各个区域为满足特定的功能都有特定的配置要求，尤其是饲养生产区作为核心区域，其要求最为复杂和严格。

（一）奶牛养殖场不同功能区域的合理布局

奶牛养殖场的五个功能区域需要合理布局且顺畅方便，这样才能最大化地提高养殖场的劳动生产效率，也才能够更好地调控养殖场内的小气候状况和有效提高防疫水平，促进奶牛的生产性能得到最大化的发挥，创造更高的经济效益。

奶牛养殖场的五个功能区域中，生活管理区是统筹管理整个养殖场的区域；生产辅助区是为饲养生产区的奶牛提供恰当的服务和辅助的区域；饲养生产区是整个养殖场的核心区域，也是一个综合饲养奶牛和科学管理奶牛生产的区域；病牛隔离区是完善养殖场防疫能力和避免疫病蔓延暴发的区域；粪污处理区则是保证生态养殖和避免养殖场污染环境的区域。五个区域需要呈现为从上风向到下风向依次排列、功能顺畅连接的状态,具体区域的功能和布局可参照图2-4。

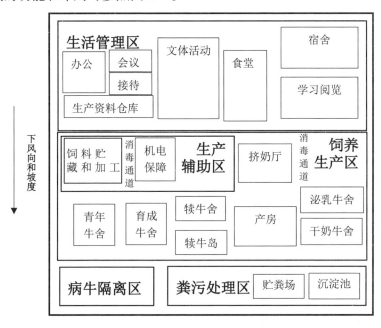

图2-4　奶牛养殖场五个功能区的功能和布局模式

1. 生活管理区

养殖场的生活管理区主要包括办公区、会议室、接待区、生产资料仓库、文体活动区、食堂区、宿舍区、学习阅览室等,是养殖场员工的主要生活与办公场所,因此应该处在整个养殖场地势较高且最上风向的位置和地段,整个生活管理区会和生产辅助、饲养生产区相连,但生活管理区需要和饲养生产区严格分开,并保持最少50米以上的距离。

生活管理区需要设有通往生产辅助区和饲养生产区的消毒通道、更衣洗浴消毒室等,以确保员工和相关人员进入两个主要区域时能够清除污浊气味和消毒,避免造成生产过程中出现污染而影响产品质量或威胁奶牛健康情况的发生。

生活管理区和生产辅助区相连接,是为了饲料、生产资料等的供应,同时为产品的销售、外输构建一条通道。除饲料库之外,其他生产资料仓库应该设在生活管理区,以方便各种物资的快速进入和补充,同时方便外来人员活动,避免外来人员大量进入生产区。

2. 生产辅助区

生产辅助区有两个主要部分，一个部分是机电保障区域，包括供电总设备、供水总设备、锅炉设备、相关维护人员工作间、各种物资内部运输的车辆库等；另一个部分是饲料贮藏和加工区，其中设置了精料库、粗饲料库、青贮饲料窖、饲料加工设备和粉碎车间等。

生产辅助区的前一个部分和生活管理区有部分交叉，但后一部分和饲料相关的区域需要通过围墙等完全与外界分开，饲料相关区域要设置在生活管理区的下风处，同时要有能够与场外交流沟通的大门，其中设置液体消毒通道，靠近奶牛饲养生产区的奶牛舍，以便为运送饲料、草料等提供方便，但需要注意预防奶牛舍和奶牛运动场的污水的渗入，以免污染饲料和草料，所以通常处在地势偏高的位置。

3. 饲养生产区

饲养生产区是奶牛养殖场的核心区域，包括奶牛舍、奶牛产房、奶牛运动场、挤奶厅等。

奶牛舍需要进行合理布局，通常需要满足奶牛分阶段和分群饲养的要求，其中包括泌乳牛舍、青年牛舍、育成牛舍、犊牛舍、犊牛岛、干奶牛舍等，犊牛舍主要饲养 4 ～ 6 月龄的犊牛，犊牛岛则主要饲养 1 ～ 3 月龄的犊牛。

奶牛舍外需要设置运动场，通常运动场的大小以为每头成牛提供 25 ～ 40 平方米、每头青年牛和育成牛提供 12 平方米、每头犊牛提供 8 平方米的活动空间较好。运动场的地面通常是沙土地，并有一定坡度，运动场四周设置排水沟方便排水排污，同时场内需要设置对应的凉棚、饮水槽、矿物质补饲槽等，用以保证奶牛运动过程中的休息需求、营养需求和饮水需求。

运动场需要保持干净平整且无积水，要定期进行修整和清理，确保粪便能够及时处理，对此可每周进行一次消毒，避免蚊蝇滋生给奶牛带来疾病，这样也能够有效保证整个养殖场环境不会影响产品质量。

挤奶厅需要紧挨泌乳牛舍，以便泌乳奶牛能够轻松进入挤奶厅产奶，挤奶厅要设置对应的挤奶设备和空间，统一挤奶操作规范，即使机械化挤奶也需要配备一定专门的挤奶人员和机械操控人员；除挤奶设备和空间外，还需要设置原奶冷却和贮存的设施。

饲养生产区是养殖场的核心，因此需要和外界完全隔离，通常要设立在整个养殖场地势较低的位置，并能够做到有效控制场外人员进入和车辆的进入，保证整个饲养生产区安静且安全，同时奶牛舍中不同阶段和分群的各个牛舍需要保持适当的距离，以便达到防疫防火的目标。

当然，整体布局还需要考虑水电的布线情况，饲料草料的送达投喂情况，以及粪便的清理、运输和集中处理，在保证科学合理布局的基础上减少水电管道长度和各种运输距离，减轻工作人员的负担和工作强度。

4. 病牛隔离区

病牛隔离区需要配备兽医诊疗室、隔离舍、病牛舍、化验室、剖检室等，因为病牛隔离区是为了满足防疫和医疗需求，因此需要设置在饲养生产区之下，并用严密的高墙与饲养生产区及外界进行完全隔离，同时需要配备为外出车辆进行消毒的通道，以便于医疗废物的处理。

5. 粪污处理区

粪污处理区和病牛隔离区类似，需要处于饲养生产区之下，处在整个养殖场的最下风部分，通常需要距离饲养生产区 100 米以上，并距离水源 400 米以上，以严密高墙进行分隔，其中需要配备贮粪场、沉淀池、粪肥加工车间、焚烧炉、沼气站、干尸井、污水净化处理池等，以便于对污物和粪污进行处理和加工，同时需要配备对应的消毒池等，以减少粪污的毒性和污染。

（二）养殖场核心区域——饲养生产区的配置要求

奶牛养殖场的核心区域是饲养生产区，其中包括了各阶段牛舍、挤奶厅、产房、奶牛运动场等关键建筑和设施，需要满足不同阶段奶牛的成长、运动、饲养、生产等需求。

1. 奶牛舍的基本类型

奶牛舍根据开放状况可分为封闭式奶牛舍、半开放式奶牛舍和开放式奶牛舍三类。

封闭式奶牛舍通常有四面围墙且封顶，偏向于内屋模式，主要有两种规格：一种是 12 米跨度，主要采用拴系饲养；另一种是 18 ～ 27 米跨度，主要采用散栏式饲养。因为使用不同建筑材料和建筑结构，所以形成了两种封闭式奶牛舍，一种是轻钢结构和彩板装配式，另一种是砖混结构，其室内设置通常类似，主要的不同之处在于屋顶、屋架、墙体的材料有所不同。

轻钢结构和彩板装配式的建设难度更低，造价通常仅为砖混结构的 80%

左右，建造的速度也更快，通常在地基完成的基础上 15 ~ 20 天即可完成一栋，因材料精心设计所以轻便又耐用，一般寿命在 20 年以上，同时更便于采用较为先进的饲喂和管理技术，科技融合性更强。

半开放式奶牛舍为三面有墙，向阳的一面开放，开放侧最外层设有围栏，有顶棚，因此在冬季寒冷阶段可以使用卷帘进行覆盖用以保温保暖，从而形成封闭式奶牛舍；夏季则可以将卷帘和顶棚敞开，利于通风从而改善牛舍小气候，此类奶牛舍造价比封闭式更低。

比较常见的半开放式奶牛舍为塑料暖棚奶牛舍，通常会在冬季用塑料薄膜将奶牛舍的开放部分封闭，然后运用太阳能和奶牛自身散热来提高牛舍的温度。修建塑料暖棚奶牛舍需要坐北朝南，充分利用太阳光的热能，选择塑料薄膜需要透光率高且长波辐射透过率低，能够抗老化的聚乙烯薄膜，厚度在 80 ~ 100 毫米较为适宜，另外需要合理布置通风换气口，通常进气口设置在背风面，面积在 200 平方厘米较为适宜，排风口则需要每隔 3 米布置一个，面积以 400 平方厘米较为适宜。

开放式奶牛舍比较常见的就是轻钢彩板装配式奶牛舍，以轻钢为主体架构，以可装配的彩板为墙体和屋顶，材料轻盈且适用性强，通常前后面墙体由活动卷帘代替，冬季可展开令开放式奶牛舍转化为封闭式奶牛舍，促进保温，夏季可将卷帘拉起变为棚式奶牛舍，自然通风的效果非常好，可有效利用自然气候进行降温除潮。

2. 奶牛产房与各奶牛舍的建设配置要求

奶牛舍的建设，需要根据当地的气候情况和气温变化规律，以及奶牛的品种和生产用途具体进行确定，要能够符合兽医卫生防疫、科学合理、经久耐用、经济实用等要求。

具体而言，奶牛舍需要冬暖夏凉，干燥卫生且空气新鲜，地面需要保温不透水、不打滑不积污水、粪尿易排出舍外、下水通畅。所有牛舍的建筑需满足一定规格和数量的采光，在保证阳光充足的情况下保持空气流通，房顶需具有一定厚度，保温隔热性能良好。

不同阶段的牛舍建造需要符合几个基本要求：一是牛舍的地基要拥有足够的稳定性和足够的强度，必须坚固耐用，以防止地基下沉、塌陷和建筑出现裂缝倾斜等；二是牛舍的墙壁要抗震、防水、防火，坚固结实且能够保温隔热，同时需要便于消毒和清洗；三是牛舍的屋顶需要坚固耐用且重量轻便，可以防雨水、防风沙、隔绝太阳强辐射、抵御雨雪和强风等；四是牛舍地面需要致密结实，拥有一定弹性又不会打滑，便于清洗和消毒且匹配完善的清粪排污系统；五是牛舍的窗户需要满足采光和通风的要求，所有牛舍和运动场要保持畅通，所有的配套设施不能有尖锐突出的部位，以避免对奶牛造成不必要的伤害，泌乳牛舍需要和挤奶厅靠近，连接通道要畅通无阻。

奶牛产房是饲养生产区较为核心的区域，其距离干奶牛舍、犊牛岛和犊牛舍不能太远，这样能够有效缩短奶牛的行走距离。

（1）产房配置。产房需要保持通风、干燥、冬季保温、夏季防暑、舍内明亮宽敞，同时需要配备各种产房所需的专用器械以及消毒设施，其中的新产牛区、待产区、围产区必须分开设置，待产区需要有面积稍大的临产区，可以垫30～40厘米的柔软垫草，可选用燕麦草、燕麦秸秆、小麦秸秆等进行铺垫。产房中还需要设置对应的犊牛保育栏，这是犊牛初生1～2周生活的特殊场所，通常设置在产区内部，保育栏通常为长1米、宽0.8米、高1米左右的围栏，同时要配备浴霸照明。若产房封闭性较好，可采用开放围栏结构，但若产房封闭性较差，则需要采用封闭性围墙，其中一侧留栅门即可。保育栏通常需要完全独立，以避免相邻的犊牛出现接触，这样能有效减少疾病的传播，每个独立保育栏底部要铺垫漏缝地板，上面铺设清洁干燥且柔软的垫草，犊牛进入保育栏后，饲养员需要每天铺撒一次新垫草，直至犊牛转出。

（2）犊牛岛配置。转出的犊牛会在之后1～2个月内进入专用的犊牛岛进行饲养，此时犊牛的抗病性还不强，为了减少疾病相互传染，哺乳期进入犊牛岛的犊牛可以设置单栏进行饲养，栏间距离可设为30～40厘米。犊牛岛上饲养犊牛的设施由两部分组成，即牛床和运动场，牛床面积通常可设置为1.2平方米，运动场则比牛床略大，两者相连或相通，运动场为露天设置。

（3）犊牛舍配置。犊牛断奶后转入犊牛舍，其适应能力已有较大的提升，可以采用集体饲养的方式，按犊牛大小进行恰当的分群，每个群体的犊牛大小、重量和年龄要尽量详尽，这有助于犊牛逐步形成小牛群。通常每个群体饲养10～15头较为适宜，每头犊牛占地10～15平方米。

（4）其他牛舍配置。犊牛在犊牛舍数月后转入育成牛舍，其规格和青年牛舍、成年牛舍模式基本一致，只是因为奶牛个体并未完全长成，所以牛床、运动场、颈夹等大小稍有不同，但整体的牛床排列方式、卧床设计模式、饮水系统、清便系统、通风系统等配套设施基本相同。

3. 奶牛产房与各奶牛舍的结构规格

奶牛产房与各奶牛舍的结构规格主要包括地基和墙体、开间、跨度、檐高、门窗、屋顶、奶牛床和饲槽、饮水槽、通道和粪尿沟、围栏等几个部分。其中，屋顶比较常用的是钟楼式、半钟楼式、双坡式等结构，钟楼式和半钟楼式屋顶比较适用于跨度较大、对空间需求量大、对采光和通风要求较高的泌乳牛舍，双坡式屋顶则可在各阶段奶牛舍中运用；围栏主要设置在奶牛舍的运动场周围，既可以使用钢管也可以使用水泥桩柱，只要保证其结实耐用不会对奶牛造成伤害即可。奶牛舍的结构类似，但规格会根据不同奶牛的成长阶段有所不同，具体数据如表 2-1 所示。

表 2-1　奶牛产房与各奶牛舍的结构规格数据

结构内容	具体分支规格	规格数据
大跨度开间	钟楼式泌乳牛舍	跨度 27 米，开间 4 ～ 6 米，下檐高 3.1 ～ 3.6 米，上檐高 4.5 ～ 5 米；钟楼顶高 6.5 ～ 7.5 米，檐高 5.5 ～ 6 米；内墙下部设墙围
	双坡式奶牛舍	跨度 27 米，开间 4 ～ 6 米，脊高 4 ～ 4.5 米，前后檐高 3 ～ 3.5 米；内墙下部设墙围
	产房	跨度 12 米，开间 4 米，檐高 3.1 ～ 3.6 米，顶高 4 ～ 5 米；内墙下部设墙围
	犊牛舍（犊牛岛）	跨度 10 ～ 10.5 米，开间 4 米，檐高 3.1 ～ 3.6 米，顶高 4 ～ 4.5 米；内墙下部设墙围；可采用移动式犊牛岛
奶牛运动场	长度和宽度	长度与奶牛舍跨度一致，宽度以每头奶牛拥有 10 ～ 15 平方米活动范围计算
	运动场围栏	立柱采用 15 厘米正方截面混凝土柱，高度为 1.2 ～ 1.3 米，设置间距为 3 米，中间留洞穿 2 ～ 3 根直径为 5 厘米的钢管，钢管间距要预防卡住牛头

续 表

结构内容	具体分支规格	规格数据
地基与墙体	温暖地区	地基深 0.8～1 米，砖墙厚 24 厘米
	高寒冷地区	地基深 1.5～1.8 米（超过冻土层），后砖墙厚 50 厘米，前砖墙厚 37 厘米
门窗	封闭式牛舍	门：高 2.1～2.2 米，宽 2～2.5 米 窗：高和宽均为 1.5 米，用新型材料设计为通长的导流式自动旋窗，窗台距地面 1.2～1.5 米
	开放与半开放式牛舍	卷帘门窗，尺寸与牛舍尺寸宽高略小即可
奶牛床和饲槽	散栏式 TMR 饲喂的奶牛床	单设卧床，建设高通道、低槽位的道槽一体模式，槽外缘与通道在同一水平面
	拴系式饲喂的奶牛床	奶牛床坡度为 1.5%，饲槽端位置较高，一般长 1.6～1.8 米，宽 1.0～1.2 米
	饲槽	处于奶牛床前方，固定式水泥槽较为适用，上宽 0.6～0.8 米，底宽 0.35～0.4 米，弧形设计，靠牛床一侧内缘高 0.35 米，外缘高 0.6～0.8 米
通道和粪尿沟	饲喂通道	以送料车可通过为原则，人工推车饲喂通道宽 1.4～1.8 米；TMR 车饲喂，则采用道槽合一模式，通道宽 4 米
	粪尿沟	需要保证铁锹正常推行的宽度，通常宽 0.25～0.3 米，深 0.15～0.3 米，倾斜度为 1∶100～1∶50
饮水槽	内外饮水槽	除舍内饮水装置外，运动场边需设可翻转的饮水槽，可安装自动上水装置。槽长 3～4 米，槽高 40～70 厘米，槽底宽 40 厘米，槽顶宽 70 厘米，保证 25～40 头奶牛一个饮水槽即可
	高寒冷地区	所有饮水槽加装加热装置，保证奶牛冬季能够喝到温水

4. 奶牛挤奶厅的建设配置要求

奶牛挤奶厅是养殖场较为关键的生产场所，其主要是为了满足奶牛挤奶和配种需求，完成牛奶生产和收集，并记录泌乳奶牛的情况和产奶数据等。

（1）挤奶厅的容量设计。典型的挤奶厅需要满足对应的容量设计，根据挤奶设备和牛群的规模，可以选择不同的挤奶模式。

例如，每天挤奶2次，每次挤奶间隔时间为10小时；每天挤奶3次，每次挤奶时间为6.5小时；每天挤奶4次，每次挤奶间隔时间为5小时。

每个泌乳牛群的挤奶时间会根据不同的挤奶模式有不同的变化，如每天挤奶2次则每个泌乳牛群挤奶时间为60分钟；每天挤奶3次则每个泌乳牛群挤奶时间为40分钟；每天挤奶4次则每个泌乳牛群挤奶时间为30分钟。

只有符合上述挤奶模式才能够保证最大限度地缩短奶牛离开牛舍的时间，避免奶牛无法及时采食和饮水。

（2）挤奶厅的具体功能。整个挤奶厅具体涉及三个主要功能：一是挤奶功能，通常会集中在挤奶大厅中，挤奶大厅的尺寸和奶牛的体型、挤奶机的类型、储奶罐的大小、进入挤奶大厅的奶牛数量、设备摆放位置、清洗和冷却设备类型等有关，主要场所包括奶牛进入通道、待挤区、挤奶区、返回夹道等；二是生产服务功能，主要包括办公室、设备间、储奶间、储藏室、工作人员休息区等，其是为挤奶活动进行服务的场所，不同的场所能够满足不同的服务功能，以便为养殖场提供必要的服务内容；三是处置和治疗室，通常会紧挨待奶厅，若挤奶过程中发现有需要治疗和需要配种的奶牛，则可以在挤奶完毕后将其导入滞留栏，然后引导到处置和治疗室实施对应的医疗措施和配种。

（3）挤奶厅的主流形式。挤奶厅建筑较为主流的形式有三类：第一类是鱼骨式挤奶台，此类挤奶台有两排挤奶机器，呈鱼骨状排列，每个栏位按倾斜30°设计，这样设计可以有效减少挤奶员的走动距离，有利于挤奶操作并提高挤奶效率，而且投资较少，比较适合中等规模的养殖场；第二类是并列式挤奶台，此类挤奶台挤奶操作的距离短且挤奶员较为安全，但奶牛乳房的可视程度较差，适合大中规模养殖场；第三类是转盘式挤奶台，这是一种可以转动的环形挤奶台，奶牛鱼贯进入，挤奶员可以在固定位置冲洗奶牛乳房并套奶杯，不需要来回走动，劳动力投入少且操作方便，适合大规模养殖场，缺点是成本较高。

三类挤奶台形式中，转盘式挤奶台扩大容量较为困难，而并列式挤奶台和鱼骨式挤奶台则比较容易扩大容量，只需要顺位排列加装挤奶台即可。

（4）挤奶厅的建设配置。根据挤奶厅不同的功能区域和实现功能的配置要求，挤奶厅的具体建设配置如表2-2所示。

表2-2 挤奶厅的具体建设配置

功能区域	具体场所	建设配置
挤奶大厅	进入通道	连接泌乳牛舍和挤奶厅的通道，其宽度应根据牛群大小确定，小于150头的泌乳牛群通道宽度为4.3米；牛群在150～250头时通道宽度为5.5米；牛群在251～400头时通道宽度为6.1米；牛群大于400头时通道宽度为7.3米
	待挤区	奶牛进入挤奶区前等候和排队的区域，其地面坡度为2%～4%，奶牛在待挤区时间不能超过1小时，因此每组奶牛头数不能超过挤奶位的4倍；要充分考虑降温避免夏季奶牛的热应激；每头奶牛至少拥有1.35平方米的活动范围，若为非水冲式设计则需要整体增加25%的面积
	挤奶区	存放挤奶台和进行挤奶工作的关键场所，其应根据挤奶台数量和形式、奶牛群大小和挤奶模式设计大小；挤奶区和待挤区地板应以混凝土地面为主，这样做易于清洁、安全、防水、经久耐用；挤奶设备和奶罐排水部分可贴瓷砖防腐蚀；每个挤奶位地面贴一层黑瓷砖方便检查乳房；人和奶牛行走路面应做防滑处理
	返回夹道	根据挤奶区出口侧牛的数量确定宽度，牛的数量低于15头时夹道宽度为0.92米，牛的数量高于15头时夹道宽度为1.5～1.8米
生产服务区	办公室	用来保存奶牛资料，如健康情况、生产记录等的场所，其可以作为整个饲养生产区的总控室，以计算机系统控制饲喂、记录对应的各种信息
	设备间	为奶罐和设备提供安放空间的场所，其需要拥有良好的光照、排水和通风功能，绝对要保证该场所冬季不会结冰

功能区域	具体场所	建设配置
生产服务区	储奶间	储藏新鲜牛奶的重要场所，包括各种集奶组、奶罐、过滤设备、冷却设备、清洗设备等，其大小和奶罐的大小相关，需配备加热系统以保证室内不结冰
	储藏室	用以存放各种设备零件、清洗剂、药品、橡胶制品等，需要和设备间分开，其应比其他空间的设计温度低
	休息区	为工作人员提供休息环境，主要包括淋浴室、会议室、休息室等
处置和治疗室	处理间	对奶牛进行修蹄、剪毛等
	治疗室	对需要治疗或配种的奶牛进行医疗服务，可设置自动分隔门，将需要服务的奶牛导入滞留栏

第三节　奶牛养殖场附属设施配置及维护

奶牛养殖场的整体布局和规划建设，不仅需要满足奶牛的生产需求和成长要求，而且需要依托各种附属设施对养殖场进行环境优化、控制污染和处理粪污，以实现规模化饲养和生产。

一、奶牛养殖场的附属设施建设

奶牛养殖场的附属设施主要涉及三个方面：一是基础设施，包括养殖场的道路、消防设施、消毒设施等；二是给排水和电力设施，包括水源供应设施、供电设施、排水设施等；三是饲料供应设施，包括青贮窖、干草库、精料库等。

（一）奶牛养殖场的基础附属设施

奶牛养殖场的基础附属设施，主要是为了满足养殖场的日常工作和生活需求，以及符合畜牧业消防和生产安全要求。

1. 养殖场的道路

养殖场的道路规划和设计需要科学合理，在满足各种生产、行驶需求的基础上，尽量最大化运用土地空间。整个养殖场的道路设计均需要满足道路上空 4 米高度内没有任何障碍物，方便各种车辆的出入的要求。

根据养殖场的运载需求，可将道路分为净道和污道两大类，净道主要用于人员出入、饲料运输、奶牛引进运输、机器设备运输、医疗设备运输等，通常宽度为 6 米，建设为双行道；污道主要用于运输奶牛粪污、病死牛、医疗废物等，通常宽度为 3 米，建设为单行道，还需要满足转弯半径不小于 8 米的要求。

2. 养殖场的消防设施

养殖场的各个设施需要按照国家的消防法规，配备相应的消防设备，包括手持式灭火器、消防桶等；消防水源可以采用养殖场内的水源或就近采用自然水源，需满足消防水量每秒不小于 35 升的要求，室外消防管道可以与养殖场的生活用水管道和生产用水管道合用，采用环状、枝状结合的管网布置系统，选用 DN150 管道；在养殖场各个区域的建筑设施外，沿道路设置室外消火栓，消火栓距离建筑设施间距 30 米左右，并距离道路边缘小于 2 米。

3. 养殖场的消毒设施

奶牛养殖场中涉及牛奶生产，同时涉及奶牛成长和配种等，整个场区的奶牛数量不但大且较为聚集，而且匹配着很多工作人员，为了避免细菌、病毒、外界污染物等不利于奶牛生产的物质进入养殖场，整个场区需要匹配严格的消毒设施。养殖场的消毒设施主要可以分为以下两部分。

一部分是外界与养殖场的交会处，即场区大门需要设置匹配的消毒设施，包括消毒池、洗手池、紫外线灯、喷雾器等，任何进出奶牛场的人员、车辆等必须经过消毒区域，车辆需要运用消毒池和喷雾器进行消毒，外来车辆严禁进入生产区，仅能停留在生活管理区；涉及生产的各种运输车辆也需要和外界进行隔离，粪污处理区的清粪车和病牛隔离区的车辆也需要与饲养生产区进行隔离，不能随意进入其中。

另一部分则是养殖场内部的消毒设施，主要是生活管理区和生产区的通道，其需要设置匹配且合规的消毒室，任何人员必须由消毒室进出，整个消毒室需要包括洗衣房、消毒垫、淋浴室、更衣室、洗手池、紫外线灯等。

（二）奶牛养殖场的给排水和电力设施

规模化的奶牛养殖场需要水力和电力的支撑，养殖场的给排水系统是确保其环境和生产需求的重要部分，奶牛发挥生产性能依托于庞大的水资源供应，同时奶牛对养殖场环境湿度的要求也对给排水系统提出了更高的要求；而机械化、规模化养殖也需要较为庞大的电力负荷，从而对电力设施也提出了对应的要求。

养殖场给水需要保证水质良好，达到《生活饮用水卫生标准》（GB 5749—2006）的要求，既要满足人员、奶牛、消防的基本要求，同时要方便且价格低廉，因此最好具备较为充足的地下水源，以便于打井供水，水井的出水量需要根据不同规模不同奶牛数量确定，如 2 000 头奶牛的养殖场水井每小时出水量要达到 40 吨以上。

以规模为 2 000 头奶牛的养殖场来计算，其每天的生活用水、奶牛饮水和其他用水合计要达到 310 吨左右，其中奶牛饮水量每天需要达到 130 吨左右，泌乳牛饮水量最大，生活用水每天约 50 吨，挤奶厅每天用水约 80 吨，其他用水每天约 50 吨。

养殖场的排水主要满足污水排放，污水来源有两类，一类是生活污水，一类是生产污水。其中雨水、雪水等通常需要设明沟进行排放，建设坡度为 1% ~ 1.5%，可直接排到场区之外；区内污水需要由地下暗管排放，通常污水通过污水沟收集后需先排往污水处理设施中进行集中处理，经过处理后满足排放水质标准后，方能排往场区之外。

以规模为 2 000 头奶牛的养殖场来计算，整个奶牛群体每天的粪便量为 45 吨左右，尿量为 28 吨左右，生产污水为 26.5 吨左右，挤奶厅排放污水达 80 吨左右，生活废水约 50 吨，其他污水排放约 20 吨，总共污水量会达到 200 吨左右，因此养殖场需要根据污水量建设匹配污水处理能力的处理设施和排污管道。

养殖场的电力负荷需求为民用建筑供电等级二级，在场内的自备电源的供电容量需要不低于整个养殖场电力负荷的一半，以确保外电中断时能够启用自备电源进行衔接过渡。

以规模为 2 000 头奶牛的养殖场来计算，各种挤奶机、制冷罐、供热用电、取料机、铡草机、精料加工机、照明、办公、风机、供水水泵、消防、食堂等总用电量能够达到每天 400 千瓦以上，因此养殖场需要架设容量为 500 千伏安以上的变压器。

因为养殖场奶牛众多、人员众多，且各种饲料易燃物众多，所以场区内不宜设置高压输电线路，若设有高压输电线路，则其两侧 20 米范围内不允许有任何建筑，最好不进行场地使用。

（三）奶牛养殖场的饲料供应设施

奶牛养殖场中直接供应奶牛饲料的设施主要包括三类，一类是干草库，一类是精料库，还有一类是青贮窖。

干草库主要为奶牛提供干草类饲料，其能够为奶牛提供需要的粗纤维以维持奶牛正常的瘤胃功能，同时由于其含水量较低，通常在 15% 以下，因此能够确保奶牛干物质的摄取量，优质的干草饲料能够满足奶牛 70% 以上的营养需求。通常干草类饲料主要包括苜蓿、三叶草等豆科干草，以及东北羊草、黑麦草、当地野干草等禾本科干草。干草库的建筑要求是檐高不得低于 6 米，中间柱子要尽量减少，可采用大跨度钢结构，储量要求不低于每头牛 2 吨。

精料库主要为奶牛提供日粮，多数是粮食类、草籽类含能量和蛋白质较高的副产品，通常由米糠、糟渣、麸皮等加工而成，会占到泌乳牛日粮干物质的 50% 左右，这直接关系到奶牛的产量和所产牛奶的质量。以规模为 2 000 头奶牛的养殖场为例，混合群每天每头奶牛需要饲喂精料 7 千克，精料库需要满足 2 个月的饲喂量。通常精料库为轻钢结构，檐高不低于 6 米，墙体下部 0.5 米为砖混结构，地面为混凝土，场地高出周围至少 20 厘米，墙体可选用单层彩钢瓦。

青贮窖主要是为奶牛提供青贮饲料的仓库，其原料主要为多穗玉米秆、优种高粱秆等，两者通常是粮食收获之后的秸秆，可以单独贮藏也可混合贮藏。贮藏时需要保持青绿状态加工，即使叶片干枯秸秆也不能干枯。青贮窖通常设立在临近养殖场外道路附近，比较方便运输，但需要避免运输车穿行饲养生产区。青贮窖通常和干草库、精料库相连接，靠近饲养生产区，以便有效缩短运输距离。青贮窖一般为地上建筑，一面敞开或两面敞开，以便于输送；其墙体为钢筋混凝土结构，墙体基础深度不得低于 1.5 米，基础截面为下宽 0.6 米上宽 0.3 米的梯形，墙体高度不得低于 3 米，宽度为 15 ~ 20 米；青贮窖口地面要高于周围地面 20 厘米，同时要从窖内里向窖口做 0.5% ~ 1% 的坡度，以方便窖内挤压液体的排出，窖口通常设有收水井，和地下排水管道相连，如果青贮窖较长则收水井可以布置在窖中心，即从窖口向中心做收水坡。青贮窖每次贮藏饲料要满足每头牛不低于 6 吨的要求，以规模为 1 000 头奶牛的养殖场为例，青贮窖贮量要达到 7 000 吨，以堆放 4 米高度为限，青贮窖的建筑面积需要达到 2 500 平方米。通常青贮窖不能过短也不能过长，过短容易影响贮存高度，一般要在 40 米以上，同时不能过长，过长容易使取料的效率低，一般要在 100 米以下，具体规格可根据场地情况和设备情况进行合理布局。除青贮窖的建筑之外，在其附近还需要建设对应的加工区，同时匹配对应的配电柜，以确保青饲储备、加工、制作等能够满足养殖场的需求。青贮窖可以设计为地上长方槽形、三面墙体一面开口，多个青贮窖连体的形式，墙体可选用钢筋混凝土结构或毛石结构，因承重较大所以最好不使用砖混结构，其内部最好光滑且耐酸腐蚀，气密性要良好。

二、奶牛养殖场的绿化及污染控制

规模化的奶牛养殖场的工作人员和奶牛头数量巨大，所产生的各种生活污水和生产污水、生活垃圾和粪污等的量也巨大，因此为了使奶牛养殖场的环境能够更加舒畅，同时满足现代化生态可持续发展的要求，奶牛养殖场需要注重绿化和污染的控制。

（一）奶牛养殖场的绿化

现代化规模化奶牛养殖场的绿化，需要进行统一规划和布局，因地制宜植树造林、栽花种草，以便满足环境绿化的要求，一方面要能够美化环境、改善养殖场小气候，另一方面要能够净化空气，起到一定的隔离作用。具体可以从四个角度着手。

首先，养殖场外围的林带规划，即在养殖场的外围周边种植各种林带，这需要根据养殖场所在地区特性和优势绿化林种进行适当的调整，通常需要种植乔木和灌木的混合林带，并栽种刺笆林匹配。北方区域可以选择旱柳、钻天杨、榆树等乔木，选择河柳、紫穗槐等灌木，选择陈刺或北方刺等形成刺笆林；南方区域可以选择法国梧桐、柳树、榆树等乔木，选择黄金叶、大叶女贞、法国冬青等灌木，草坪冷季可选黑麦草、细羊茅等，暖季可选择狗牙根、钝叶草等。

其次，养殖场的道路绿化规划，即在养殖场内的各个道路种植各种绿植来完善绿化，通常可以采用冬青和塔柏等四季常青的树种，同时配置黄杨或小叶女贞作为绿化带。

再次，养殖场的分区隔离带可种植各种绿植，以绿植做隔离林带，如生活管理区、饲养生产区四周可以用榆树、杨树等设置隔离带，在两侧可匹配一些对应的灌木来做隔离。

最后，在养殖场奶牛舍运动场外要完善绿化，奶牛舍的运动场要满足奶牛的运动需求，同时奶牛是对温度非常敏感的物种，因此在运动场的围栏外可以种植各种绿植做遮阳林。通常运动场是坐北朝南，因此其南侧、东侧和西侧可以设置 1 ～ 2 行遮阳林，可以选择枝叶开阔且长势旺盛的树种，冬季落叶后枝条稀少能够保证光照，如法国梧桐、杨树等。这样既能够达到夏季为奶牛遮阴降温的功效，冬季也能够保证奶牛舍的采光。

（二）奶牛养殖场的污染控制

奶牛养殖场的污染控制是一个系统化工程，主要处理的是污水和奶牛粪便，具体要求是投资低、运行成本低、处理效率高、综合利用率高等，因为不同地域的气候特征和地理环境有所不同，所以进行污染控制需要因地制宜，以便实现生态可持续规模化发展，具体的污染控制手段有以下几种。

1. 污水达标处理

污水处理需要满足《畜禽养殖业污染物排放标准》（GB 18596—2001）的规定，可以采用固液分离后污水自然稳定处理，再进行合理还田二次利用，也可以用污水和牛粪进行混合发酵沼气后，将沼液无害还田。如果养殖场没有充足的土地消纳污水和沼液，则需要配备对应的污水处理设备，以便对污水进行达标处理，之后进行无污染排放。

2. 奶牛粪便发酵处理

对奶牛粪便进行污染处理，通常可以采用对奶牛粪便等固体废弃物发酵和腐熟发酵，再进行深加工从而形成高效有机肥，最终应用于各种种植业的生产中，形成可持续产业链推动整个畜牧业和种植业紧密连接。通常可以采用两种发酵手段对其进行处理。

一种是土地还原法，即在养殖场下风向设置堆肥场和污水池，将奶牛粪便在堆肥场进行发酵后还田，奶牛尿污通过污水池发酵后进行还田。这种处理方式虽然较为方便，但容易出现完全自然处理后的腐熟肥营养元素超标、雨季易污染地表水等情况，因此需要加强人工参与，较佳的手段还是运用沼气技术实现循环生态发展。

另一种是厌氧发酵沼气法，也就是上述提到的沼气技术。即在养殖场下风处建设沼气池，生产的沼气可供给生产和生活，沼气池发酵后的底物可以进行定期清理还田，或者调制为专用肥料。沼气法需要保持无氧环境，即建造完全封闭的沼气池，上有盖进行密封，另外养殖场粪便含有大量冲洗水，因此有机物浓度偏低，投入沼气池前需要进行一定程度的浓缩，另外就是需要对温度进行良好的把控，保持沼气池内气温在35℃左右。沼气法不仅能够开发沼气，同时奶牛粪便经过厌氧发酵后，沼渣含有丰富的营养物质，是非常优质的有机肥。

3.人工湿地污物处理

人工湿地污物处理法是在养殖场下风处精心设计一个相对独立的湿地环境，其中种植多种水生植物来实现物理、化学和生物多手段综合处理奶牛粪便。通常人工湿地污物处理可以结合多个产业形成循环处理的模式，如将奶牛粪便、养殖场生产污水等注入人工湿地中，人工湿地中的水生植物会和微生物形成小生态圈，以奶牛粪便和污水中的有机营养为食快速发展，人工湿地中的水生植物、水生微生物、水生动物、菌藻等还可以作为鱼塘中鱼的饵料，鱼塘所产的塘泥和鱼塘水则可以作为种植业的肥料和种植水，之后将流经种植园的水进行消毒净化处理，还可以循环回到牛舍成为冲洗用水。

4.其他生态处理法

除上述几种污水和粪污处理手段外，还有一些其他的生态处理法，养殖场可以根据地域特性和气候，选择适宜自身的方式。

一种是运用分离器或沉淀池进行固体厩肥和液体厩肥分离处理的方式，固体厩肥用以制作发酵有机肥，进行还田或作为食用菌培养基；液体厩肥则用以厌氧发酵制作沼气。之后的污水通过多层生态净化系统进行净化，达到排放标准后进行自然回归或循环利用。

二是运用蚯蚓对奶牛粪便等有机固体废弃物进行处理，经过处理的牛粪的透气性和透水性会得到明显改善，更易干燥且无异味；同时经过蚯蚓生物床的处理，牛粪中的全氮和有机质含量会明显下降，但硝态氮、铵态氮、全钾、全磷、有机磷等含量会有效提高；另外经过处理后，蚯蚓粪中微生物生态圈会得到优化，可用做化肥实现经济效益的攀升；养殖后的蚯蚓则可以用以投入渔业和禽类养殖业，从而有效形成循环经济链。

三是在牛粪中掺杂麦秸、稻草、玉米秸等农田废料，之后进行暴晒发酵，最终形成食用菌培养基，如种植双孢菇，可以有效提高经济效益；在种植完双孢菇的废料中按一定比例掺入豆饼或松枝等，还可以做成上等花肥，从而再次产生经济效益。这样不仅能够有效减少养殖场粪污的排放和污染，同时能够供给更多经济产业的发展，最终实现多赢效果。

三、规模化奶牛养殖场匹配设备及维护

规模化奶牛养殖场需要匹配大量的基础设备，这些设备涉及奶牛的生活成长、生产需求的各个层面，不仅涉及设备配备和使用，还涉及设备的维护，具体可以从四个角度进行了解。

（一）奶牛舍内设备

奶牛舍内主要包括奶牛颈夹、牛床和卧栏、饮水槽等，均需要搭配对应的各种器械设备。

奶牛颈夹主要有三种模式：一是简易饲架，只有上下两根管组成，缺点是饲料容易被奶牛带到休息区从而难以清理，也易造成饲料浪费；二是棱式饲架，在简易饲架的基础上中间增加了斜向隔栏；三是自锁式饲架，奶牛伸头采食时头会被自动夹住，从而能够有效确保一个饲架仅供一头奶牛使用，这种饲架较适合 TMR 饲喂。

牛床和卧栏是奶牛休息的主要场所和设备，通常牛床要做成向尿沟的防滑坡面，坡度为 4% ～ 7%，具体高度、长度、宽度等需要根据不同奶牛生长阶段进行恰当的调整设计；牛床垫料要柔软干燥，通常采用细沙垫底上铺燕麦或麦草、锯末等。卧栏是匹配牛床所做的支架，通常置于牛床上，尺寸规格根据牛床和奶牛生长阶段进行调整。

饮水槽是设置在牛舍中供给奶牛饮水的设备，根据牛舍的大小和养殖规模设置不同的管径，饮水槽通常为不锈钢结构，或设置专用饮水器，带有自动进水装置和独立浮球阀，以便无人时能够自动补充水源。

（二）饲喂相关设备

奶牛养殖场饲喂相关的设备主要用于对饲料和饲草进行收割和加工，以及对不同奶牛进行饲喂等，包括各种切割、粉碎、混合加工饲料的设备，以及各种用以饲喂的设备，如翻斗车、巡逻车、消毒车等。

饲喂相关设备中最主要的是饲料加工机械，如大型铡草机用于青贮饲料的切割；饲料粉碎机则主要用于粉碎各种颗粒饲料原料，包括玉米、豆类等；揉搓机主要用于将农作物秸秆切断并揉搓为丝状，能有效提高奶牛的消化率，属于介于铡切和粉碎之间的一种加工手段；全混合日粮搅拌机则主要用于投喂饲料的搅拌工作。

搅拌机中主要有固定式、牵引卧式和牵引立式三类，固定式搅拌机结构简单成本较低，搅拌效果良好且故障率低，比较适合中等规模养殖场；牵引卧式和牵引立式搅拌机则更加专业化，特点是机动灵活，但在选用后需要养殖场为车辆提供匹配的饲喂通道，即留出搅拌机的回转空间，同时需要匹配装载机和拖拉机等，成本较高，不过也更加节省人工成本。

（三）挤奶相关设备

规模化奶牛养殖场的机械挤奶设备已经非常普及，设备的种类和机型均非常丰富，包括适合拴系饲养的小推车挤奶机，适合散栏饲养的鱼骨式挤奶机、并列式挤奶机、转盘式挤奶机等，具体使用哪种设备可根据养殖场规模而定。但选择过程中需要注意易维护和易损件供应方便的设备。

机械挤奶设备的使用同样需要挤奶工的参与，同时为了确保其正常运行和维护，挤奶工需要在培训合格后方能上岗。挤奶人员需要注意个人卫生并按挤奶规程操作，操作过程中要随时用消毒后的湿手帕抹净双手，每次挤奶结束后需要及时并按规程对挤奶设备进行清洗；挤奶机器需要配备专业人员进行管理、维修和保养，并按机械生产厂家的规定准时更换易损件等，以避免挤奶机无法正常运作。根据上述要求不仅能够提升挤奶工作效率，同时能够保证奶牛的健康以及确保牛奶的质量安全。

（四）清粪相关设备

奶牛养殖场的清粪系统一共有四种类型：一是水冲式，即通过水冲将奶牛粪污集中起来，经过过滤和沉淀后再进行废水收集，之后循环运用于冲刷，用水成本较高，不太适宜水源紧张的区域；二是自动刮板式，运用的是固定时间自动对奶牛粪便进行刮拢收集，比较适用于大规模的奶牛养殖场；三是漏缝地板式，此类建筑成本较高，因此使用较少；四是粪污车刮粪式，即运用各种型号的刮粪车将奶牛粪便集中起来处理，适用于中等规模养殖场。

不同的清粪系统拥有不同的场地需求和规划要求，因此在进行养殖场规划过程中就应进行匹配和设计，以实现相互之间的契合。通常粪污处理的设备有以下几种。

第一种是铲车，其通常由小型装载机改装而成，需要驾驶员开车到清粪通道进行工作，再运用吸粪车将集中起来的牛粪运走，不过其运行成本较高，无法充分发挥装载车的功能，且清粪时只能在牛群去挤奶后进行，工作次数和工作要求限制较大。

　　第二种是清粪车，即针对养殖场开发出来的专业清粪机械，其能够实现自吸自卸，较为方便且节省时间和工序。

　　第三种是机械刮粪板，其具有一定的针对性，如针对水泥地面的组合式刮粪板和针对清粪通道及牛床垫料的折叠式刮粪板等。其基本工作原理就是通过驱动电机带动链条或钢绳，然后推动两个刮板形成闭合环路，一个刮板前进则另一个不参与，其可以每天不间歇工作，卫生清洁程度很高，易安装且使用寿命较长。

　　除上述单独功用的清粪设备外，还有一些一体化设备。

　　例如，筛网式固液分离系统，包括输送系统、筛分系统、回冲系统三个部分，整个系统全自动运行，粪污通过输送系统被传送到筛分系统，通过筛分系统完成固液分离后，固体用以制作牛床垫料或有机肥，液体则用以冲洗牛舍，达到了最大化资源利用的效果。

　　又如，螺旋挤压式固液分离系统是通过分离机将粪污进行固液分离，能够使固体物最低含水率达到45%左右，固体物通过高温杀菌后可以用作牛床垫料，分离的液体则冲洗牛舍或归田，不过无法实现完全自动化。

　　再如，SM挤压式固液分离系统，其工作原理是采用挤压绞龙将粪污的固液进行分离，物料不断泵入过程中挤压力会越来越大，最终压力达到一定限度出料，可通过调节装置来掌握出料速度和挤压含水量。该分离系统既能够用于粪污固液分离，也能用于沼气池发酵后残物的固液分离。

第三章

奶牛的营养需求与饲料供应

第一节　奶牛的消化生理及营养物质需求

　　进行奶牛饲养是为了挖掘奶牛的生产性能潜力，以便实现更高的经济效益，这就需要对奶牛的消化生理特性和具体的营养物质需求进行详细了解，通过适宜奶牛消化生理的饲喂方式和营养供给，促使奶牛能够获得全面且健康的营养支撑，充分发挥其生产性能。

一、奶牛的消化生理特性

　　了解奶牛的消化生理特性，需要从四个角度着手，分别是奶牛胃的结构、奶牛的采食习性、奶牛的特殊消化生理现象和奶牛的特殊消化作用。

（一）奶牛胃的结构

　　奶牛的消化生理特性主要源于其胃的结构和特征，作为反刍动物，其胃的构造和非反刍动物有着较大的不同，不仅胃容量大，而且由四个部分组成，占据了奶牛腹腔大部分空间，同时不同的部分拥有不同的消化功能。

　　奶牛的胃由瘤胃、网胃、瓣胃和皱胃四个部分组成，主要架构如图 3-1 所示。

图 3-1　奶牛胃的主要架构

瘤胃也被称为反刍动物的第一胃或草胃、草肚，是奶牛吞咽饲料后细菌对饲料进行发酵的主要场所，也是迄今已知降解纤维物质能力较强的天然发酵罐，体积是四个胃中最大的，因此被称为发酵罐和草包。瘤胃的大部分位于牛的腹腔左半部分，少部分位于腹腔右半部分，前后较长且左右较扁，前后端各有一条明显的被称为前沟和后沟的横沟，从而将瘤胃分为背囊和腹囊两部分，食管开口位于背囊上部，背囊前下方则拥有与网胃相通的瘤网胃口。①

　　瘤胃作为反刍动物重要且独特的消化器官，最初在反刍动物出生时体积很小，如犊牛刚出生时瘤胃和网胃体积之和也仅仅占整个胃的三分之一，但随着犊牛的生长和发育，其瘤胃也会快速成长，当牛达到 18 月龄时其瘤胃和网胃就能够达到整个胃体积的 85%，属于成年水平。

　　瘤胃之所以有发酵作用，主要是因为其中的微生物群，包括产甲烷菌、细菌、真菌、原虫和少数噬菌体，这些微生物形成的小生物圈充分发挥了其对瘤胃内容物的发酵能力，其主要由肌肉囊组成，通过蠕动能够让进入其中的食团按照特定的规律流动，以促进其发酵得更加充分和均衡。

　　网胃也被称为第二胃或蜂巢胃，其靠近瘤胃且处于瘤胃前方，功能和瘤胃类似，因为两者并非严格意义上的分开状态，位于瘤胃和网胃的饲料颗粒能够自由地在两者之间进行移动。

　　网胃的内皮具有蜂窝状的组织，作用如同筛子一样能够将饲料进行对应的过滤，即将重物筛出，同时能够帮助奶牛将吞入其中的食团进行逆呃，还能够辅助排出胃中的发酵气体嗳气。当奶牛吞入一些钉子或铁丝等异物时，会被筛选留在网胃中，不至于损伤奶牛的其他部分，但也容易在网胃底部沉积，甚至可能会较为尖锐从而刺入心包发炎，因此饲养过程中需要注意奶牛的饮食情况，以便及时发现网胃异物并进行清理。

　　瓣胃也被称为第三胃、重瓣胃和百叶胃，还被称为百叶肚，位于奶牛的腹腔前部右侧，是前方连接网胃、后方连接皱胃的中间部分，其内部黏膜面会形成大小不等的叶瓣，主要用于阻留食物中较为粗糙的部分并进行磨细，再将磨细稀释的部分送入皱胃。瓣胃中并没有消化腺，因此能够吸收食物中大量的水分和酸，成年牛的瓣胃体积通常可以占到整个胃的 7% 左右。

　　皱胃被称为第四胃或真胃，功能类似于单胃动物的胃，其中附有消化

---

① 徐晓锋，张力莉．奶牛营养代谢与研究方法 [M]．银川：宁夏人民出版社，2016：5-7．

腺体，能够分泌消化酶，容纳有胃液和胃酸，是菌体蛋白和过瘤胃蛋白被消化的部分，具有真正意义上的消化功能，也被称为腺胃。其除了消化奶牛采食的饲料中的蛋白外，胃液还可以杀死食糜中的微生物，最终为奶牛提供营养。

奶牛的第一、第二、第三胃统称为前胃，其并不分泌胃液，其中也没有消化腺；只有第四胃拥有胃液和消化腺。奶牛胃的四个部分功能有所不同，所以奶牛也被称为复胃动物，其整个胃的容积和奶牛品种、奶牛年龄有很大关系，通常成年奶牛的胃总容积能达到100升以上，其中瘤胃的容积能占据80%左右，网胃占据5%左右，瓣胃占据7%左右，皱胃占据8%左右。奶牛采食过程中，食物会通过咀嚼混合唾液形成食团进入瘤胃，经过反刍过程后才会一步步经过各个胃，最终化为营养被奶牛吸收。

（二）奶牛的采食习性

奶牛的采食行为属于其基本行为之一，也是其成长中吸收营养的必然行为，其采食习性可以从三个角度进行了解，分别是采食特性、采食时间和采食量。

1. 奶牛的采食特性

奶牛胃的特征和反刍动物的特性，使其采食速度快而且粗糙，通常不会充分咀嚼，只会将食物和唾液混合成大小或密度适宜的食团后就会吞下，之后在闲暇时反刍促进消化吸收。

奶牛反刍的特性，使饲喂奶牛整粒的谷粒时很多都是未嚼碎的大谷粒，重量大从而沉于胃底转至第三胃和第四胃，无法被重新咀嚼，很容易无法吸收从而直接随粪便排出，对饲料的浪费严重；又因为其采食时咀嚼不充分，所以饲喂大块根和茎时，还容易因其体积大卡在食道造成食道梗阻，甚至会威胁奶牛的生命；奶牛采食会将饲料中的异物一同吞入胃中，因此要避免饲料中混入金属物，所以养殖场可以每隔一段时间就用磁笼将胃内铁器取出，以提高奶牛胃的功能，减少铁器对胃的损伤。

以饲料特征而言，奶牛最喜欢采食的是青饲料、精饲料和多汁饲料，其次是优质青干草，再次是低水分青贮饲料，未经加工的秸秆粗饲料是最不喜欢的一类饲料。奶牛最喜欢采食的是1立方厘米左右的颗粒，所以枯草期饲喂奶牛秸秆时，要将其铡小铡短，可拌入精饲料中饲喂，这样能够有效增加其采食量，有效提高枯草期奶牛的营养吸收，提升其生产性能。

虽然奶牛喜欢新鲜的青饲料，但若饲料在饲槽中时间较长，因水分较大很容易粘上奶牛鼻镜和唇镜分泌的黏液，这时即使是青饲料奶牛也会产生抵触（即不吃带有鼻涕和唾液的饲料），所以饲喂时要尽量采用少添加、勤添加的方式。

2. 奶牛的采食时间

奶牛的采食时间因采食模式不同而有所不同，自由采食情况下其采食时间为 6 ～ 8 小时，放牧的奶牛比舍饲奶牛的采食时间更长；另外，气候的不同也会影响奶牛的采食时间，气温升高后奶牛白天的采食时间就会缩短，而天气晴朗时奶牛的采食时间会延长，气温降低天气过冷奶牛的采食时间也会延长；头胎母牛的采食时间通常会比其他成年奶牛的采食时间长10% ～ 15%，因此饲养时应该将头胎奶牛与其他成年奶牛隔离，以便满足其采食和营养需求。

通常情况下，高产奶牛的每日采食次数为 12 次，平均每次采食时间为30 分钟左右，同时奶牛挤奶后也习惯马上采食，因此挤奶后需要在牛舍的饲槽内布置好新鲜饲料。

在饲养奶牛过程中，要结合奶牛的采食时间特征和采食习惯，根据温度、气候、行为的不同而微调饲喂，如夏季高温时要以夜晚饲喂为主，冬季则适宜舍饲为主，若日粮质量偏差就需要适当延长饲喂时间等，即根据奶牛的采食情况恰当调整饲喂手段。

3. 奶牛的采食量

奶牛的采食量和其体重息息相关，通常会随着体重的增加而减少相对采食量，即奶牛的采食量占据体重的比例会随着奶牛体重的增加而减少，如犊牛在 2 月龄时干物质每日采食量为体重的 3.2% ～ 3.4%，但 6 月龄的犊牛采食量则仅占据体重的 3% 左右。泌乳期的奶牛若每日预期产奶 2 千克，其每日至少需要摄入 1 千克干物质，否则容易导致身体状况出现问题。

另外，奶牛的采食量还和饲料的状况有一定关系，同种干草饲料，奶牛对铡短的干草采食量要比较长的干草采食量大，对草粉的采食量最少，但若将草粉制成颗粒饲料，奶牛的采食量会增加一半左右；如果在奶牛日粮中加入精饲料，奶牛的采食量也会随之增加，但若精饲料占据日粮 30%以上时奶牛的干物质采食量将不再增加，若精饲料占据日粮 70% 以上时奶牛的干物质采食量就会减少；如果奶牛日粮中饲料脂肪含量超过 6%，瘤胃的消化率就会下降，若饲料脂肪含量超过 12% 时奶牛的食欲就会受到抑制从而降低采食量。

针对奶牛采食量的特性，奶牛日粮的干物质含量最好为 50%～75%，如果饲喂的含水量大于 50% 的青贮饲料过多，其含水量每增加 1% 则奶牛干物质摄入量就会降低体重的 0.02%。

（三）奶牛的特殊消化生理现象

奶牛较为特殊的消化生理现象会因奶牛成长阶段不同而有所不同，主要分为犊牛和成年牛两类。

1. 犊牛的消化生理现象

犊牛的消化生理现象与成年牛有所不同，且随着其成长其胃的机能和容积也会发生巨大变化。例如，初生犊牛的瘤胃和网胃仅占据整个胃容积的三分之一，甚至仅占皱胃的一半左右，且结构也不够完善，尤其瘤胃内的微生物圈也还未建立完全。

犊牛直接哺乳，受到吸吮刺激其食管沟完全闭合，乳汁不会在瘤胃和网胃停留，而是直接进入皱胃消化吸收，但人工哺乳喂养时缺乏吸吮刺激所以食管沟闭合不全，一部分乳汁会进入瘤胃无法被消化吸收，甚至会因瘤胃的发酵作用导致乳汁腐败引发犊牛疾病。

3 月龄的犊牛瘤胃容积开始快速增加，增加容积能够达到初生时的 10 倍，瘤胃内微生物圈也开始建立并完善，此时犊牛已经可以较好地吸收消化植物类饲料。犊牛在 3 月龄只喂全奶的情况下，粗纤维消化率只能占到 15% 左右，而喂全奶加精饲料和干草的同龄犊牛，其瘤胃的粗纤维消化率能够达到 50% 左右，也就是说，通过对犊牛提前饲喂干草和精饲料等植物性饲料，能够有效提升犊牛瘤胃的粗纤维消化功能，不仅能够节约喂食的奶量，而且能够促进犊牛的瘤胃成长和发育。

2. 成年牛的消化生理现象

成年牛较为特殊的消化生理现象主要体现在四个方面。

一是唾液，成年牛在采食过程中，为了能够适应消化粗纤维饲料的需要，会在咀嚼过程中分泌大量含有缓冲盐类的腮腺唾液，这种唾液中含有丰富的无机盐、尿素和黏蛋白，可以有效维持瘤胃的内在环境从而浸泡粗饲料，有效提高发酵效能。

奶牛的腮腺一天可分泌含有 0.7% 碳酸氢钠的唾液 50 升左右，分泌唾液总量能够达到 250 升，这些碳酸氢钠能够中和瘤胃中发酵产生的有机酸，从而维持瘤胃的酸碱平衡。奶牛的唾液分泌量受到饲料的影响非常大，通常饲喂干草时唾液分泌量大，而且饲喂高粗饲料日粮其反刍时间长，唾液分泌量也会大。另外，奶牛唾液具有抗泡沫作用，即能够有效减弱某些饲料的生泡沫倾向，从而能够有效防止瘤胃发生膨胀。

二是反刍，反刍现象是反刍动物特有的一种辅助消化的方式，即会在休息过程中将采食的富含粗纤维的草料逆呃到口腔再次进行咀嚼，再次混入唾液并重新吞咽到胃部，经过二次咀嚼能够增大瘤胃中各种发酵细菌的附着面积。通常反刍过程中的咀嚼比采食时要细致很多，一般每个逆呃食团需要二次咀嚼 40～50 秒。

从反刍活动开始到之后进入暂停的间歇期，属于完成一次反刍周期，通常一个反刍周期约为 30 分钟，正常情况下成年牛每天有 10～15 个反刍周期，整个反刍活动的时间为 7～8 小时，可以和采食时间持平，而且通常夜晚的反刍活动的次数更多、时间更长，这主要是因为白天干扰较多造成的。

当奶牛采食后处于较为安静且没有打扰的环境中，会在 30～60 分钟之后出现反刍，如果在此阶段中出现干扰，反刍就会延迟，且奶牛正在反刍时受到突然性的惊扰，反刍也会立刻停止，之后再次在安静环境中持续半个小时才能够转入反刍。这就造成了奶牛在采食之后，必须保证其休息的环境安静且不受打扰，否则很容易出现抑制反刍或反刍异常的现象，影响奶牛的消化吸收和生产性能。

三是嗳气，也就是打嗝，奶牛的瘤胃和网胃中富含大量的微生物，其对饲料进行发酵过程中会产生各种挥发性的气体和脂肪酸，包括产生的二氧化碳、甲烷、少量硫化氢、少量氢气和氮气等，这些气体只有很少一部分会通过血液吸收从肺部排出，还有一部分会被微生物利用，大部分会从口腔溢出，也就是嗳气，奶牛通过嗳气动作可以排出大量气体从而避免瘤胃和网胃胀气。如果奶牛采食过多带有露水的豆科牧草和富含淀粉的饲料时，瘤胃发酵作用所产生的气体就会急剧上升从而无法及时排出体外，这就容易造成胃胀气。

奶牛平均每小时会嗳气 4～10 次，如果奶牛停止反刍和嗳气，就很容易出现滞留食物和胃部膨胀的问题，严重时还会令其胃壁的毛细血管循环发生障碍从而导致巨大的问题，因此在奶牛出现胀气后要及时采取机械放气和灌药止哮，否则严重后就会造成奶牛窒息。

　　四是食道沟，其属于奶牛食道的延续，始于贲门一直延伸到网胃和瓣胃的连接口，其作用是能够使食物直接穿过瘤胃和网胃，直接进入瓣胃。犊牛在哺乳期可以通过吸吮乳汁的动作形成食道沟反射，从而令食道沟闭合，令乳汁、流体食物和水等直接进入瓣胃和皱胃中，从而快速吸收营养快速成长，也能够有效阻止乳汁进入瘤胃和网胃，从而避免细菌的发酵，避免犊牛产生消化道疾病。随着犊牛的成长，食道沟的收缩作用会逐渐减弱，到奶牛成年后会丧失活动功能，从而使饮入的水也可以进入瘤胃。

（四）奶牛的特殊消化作用

　　奶牛的瘤胃黏膜上并不具备胃腺，因此也不会分泌胃液，其特有的庞大容量和构造，使其成了一种具有强大还原功能的厌氧系统，能够有效储藏饲料并对其进行发酵，其瘤胃中所建构的特定微生物群特征明显，因此也具备了较为特殊的消化作用。

　　1. 奶牛瘤胃的微生物群落特征

　　奶牛瘤胃中的食糜有 50 ～ 75 千克，呈现弱酸性且有很强的缓冲性，通常温度会维持在 39 ～ 41℃，因营养物质丰富且具有二氧化碳、氨、氮、氧、氢等组成的气体，因此非常适合特定微生物群的生存，其中主要含有大量厌氧细菌和纤毛虫，同时还有少量真菌。一般每克食糜中富含细菌 500 亿～ 1 000 亿个，纤毛虫 20 万～ 200 万个，这些微生物形成的群体含有很多能够分解蛋白质、脂肪、果胶、纤维素、淀粉的酶，从而使很多难以消化的物质降解，形成更易被胃壁吸收的物质。[①]

　　奶牛瘤胃的功能强大、作用关键，因此养殖场在饲养奶牛的过程中不仅需要考虑奶牛成长和生产所需的各种营养物质，同时需要注意奶牛瘤胃微生物群的活动和情况，如饲养过程中不能贸然更换饲料，尤其是放牧和舍饲互换、粗精饲料互换时，需要放缓速度逐步调整，给予奶牛瘤胃微生物群一定的适应时间，这样才能够有效避免奶牛消化机能出现异常。

　　2. 代谢碳水化合物

　　植物类饲料中含有 75% 的碳水化合物，即纤维素、半纤维素、糖类、淀粉等，其中纤维素的含量又占据其干物质的 20% ～ 50%。虽然纤维素同样属于多糖体，即由多个葡萄糖分子组成，但这些葡萄糖分子之间由 β-1，4 糖

---

① 徐晓锋、张力莉.奶牛营养代谢与研究方法 [M].银川：宁夏人民出版社，2016：14-17.

苷键连接，普通胃环境中分泌的消化酶无法分解该结合键，只有一些特定的生物能够分泌纤维素分解酶，进而将纤维素分解为葡萄糖促进吸收；半纤维素属于木糖和六碳糖构成的高分子聚合物，同样属于一种多糖体，消化酶也无法进行分解，只有微生物分泌的相应分解酶才能够将其降解。

奶牛瘤胃中的微生物群会先将其中的高分子碳水化合物降解为单糖，之后再将单糖降解为挥发性脂肪酸（VFA），进入其中的蛋白质和脂肪也同样会被降解为 VFA，之后被瘤胃的胃壁吸收利用。此降解过程中会产生乙酸、丙酸、丁酸和二氧化碳、甲烷等气体，二氧化碳和甲烷等会以嗳气排出。乙酸、丙酸、丁酸发酵能够产生很多能量以供给奶牛运用，其中乙酸发酵的产物主要是甲烷，因其无法被奶牛利用，所以乙酸发酵的利用率比丙酸发酵的利用率低。

为了能够让奶牛的瘤胃发酵效率更高，可以调整饲料的种类和加工方法，以便提高瘤胃发酵生产丙酸的比例，通常增加淀粉型精饲料可以提高丙酸的生成比例，粗饲料经过加工调制和使用添加剂也能够有效提高丙酸的比例。因此，养殖场在饲养过程中可以根据奶牛不同阶段的需求，根据此特殊的消化作用来调整瘤胃中丙酸的比例，以有效提高奶牛获取的能量。

3. 代谢蛋白质

奶牛瘤胃中蛋白质的代谢主要以氮素形式出现，奶牛饲料中的氮素有两类，一类是蛋白态氮，另一类是非蛋白态氮，奶牛对这两类氮素都可以进行利用。蛋白质进入奶牛的瘤胃后，会有一部分蛋白质被微生物降解为非蛋白态氮，之后与饲料中和奶牛唾液中的非蛋白态氮一起被转化为氨，微生物则利用发酵产生的 VFA 为碳骨架并依托发酵产生的能量，将氨合成微生物蛋白质，这些微生物蛋白质会和饲料中未被降解的蛋白质随食糜进入皱胃、小肠，从而被其中的消化液分解为氨基酸，最终被奶牛吸收利用。

蛋白质在瘤胃中也能够被微生物直接降解为氨基酸，同时一部分微生物蛋白质也会再次被降解为氨，然后通过瘤胃的胃壁进入奶牛的血液，经过肝脏转化为尿素后，依托血液循环一部分以唾液的形式回到瘤胃被循环利用，另一部分会进入肾脏以尿液排出。

进入奶牛瘤胃的蛋白质有 50% ～ 70% 会被微生物降解，只有剩余的部分被称为过瘤胃蛋白质和微生物合成的微生物蛋白质会进入奶牛的皱胃和小肠被吸收。为了能够提高奶牛利用蛋白质的效率，一方面需要选用降解率较低的蛋白质饲料，也可以将降解率较高的蛋白质饲料加工处理后再进行饲喂，这样能够有效提高过瘤胃蛋白质的含量；另一方面则需要保证饲料的氮平衡（即有效提高非蛋白态氮的量），为微生物蛋白质的生产创造良好条件，充分发挥瘤胃微生物群的作用。

4.代谢维生素

奶牛维持正常生命活动需要多类维生素，维生素具有多种生物学功能，会参与奶牛机体很多代谢过程，因此维生素不足的情况下，很容易引起奶牛代谢紊乱或使其生产性能降低。

奶牛瘤胃的微生物群能够合成 B 族维生素，同时借助瘤胃细菌的作用，成年牛能够合成大量的维生素 K，因此成年牛通常不会缺乏 B 族维生素和维生素 K，但犊牛的瘤胃尚未发育完全，所以需要注意在饲料中补充对应的维生素。除 B 族维生素和维生素 K 之外，奶牛所必需的维生素 A、维生素 D、维生素 E 等均无法由自身合成，所以需要进行恰当的补充。

二、奶牛对营养物质的需求特征

奶牛日常需要从饲料中得到维持自身机体系统正常运行、协调执行各自功能所需的各种能量、蛋白质、矿物质、维生素等营养物质，同时为了满足奶牛的生产需要，也需要匹配的营养物质支撑，因此奶牛对营养物质的需求主要有两类，一类是维持机体需要，即奶牛不产奶时仅维持正常生理机能所需要的营养物质；另一类是维持生产需要，即奶牛需要将营养物质吸收并通过生物转化为产品的部分。奶牛对营养物质的需求主要从以下几个方面着手。

（一）干物质需求

干物质指的是奶牛饲料中除水分之外其他物质的总称，奶牛所需要的所有营养物质基本均包括在干物质之中，因此养殖场需要根据奶牛干物质进食量来配合奶牛日粮，以便达到奶牛的各方面需求。通过干物质进食量的预测能够有效预防奶牛采食不足或过量采食，从而有效提高营养物质的利用率。

通常决定奶牛干物质进食量的因素主要包括奶牛的体重、奶牛的体况和奶牛的饲料类型与品质等。奶牛干物质进食量和其成长阶段关系密切，通常成年母牛在泌乳早期的几天中干物质进食量最低，仅为体重的 1%～1.5%，而最大干物质进食量通常会在奶牛产后 10～14 周，干物质日进食量能够达到其体重的 3.8%～4.5%，特殊的高产奶牛甚至能够达到

5% ～ 6%，也就是说奶牛在泌乳期间的最大干物质摄入期，需要每日至少摄入体重 4% 左右的干物质才能够满足其生产和生活所需。

另外，在某些条件下同一头奶牛干物质进食量也会不断变化，通常会随着日粮消化率的变化而变化，如以粗饲料为日粮主要构成部分时，因粗饲料的充满程度较高，所以会限制干物质进食量；以玉米青贮为日粮时，奶牛的干物质进食量为体重的 2.2% ～ 2.5%，若仅饲喂优质豆科干草时，奶牛的干物质进食量则为体重的 3% 左右。

温度不同奶牛的干物质进食量也有不同，若将 18 ～ 20℃时奶牛的干物质进食量定为 100%，当温度降低到 –20℃时，奶牛的干物质进食量会增加到 150%，若温度达到 35℃时，奶牛干物质进食量本应该为 120% 左右才能保持原有的产奶量，但因为热应激抑制了奶牛的食欲，所以奶牛干物质进食量可能会降到 80%，进食量减少而维持消耗的量增加，会导致产奶量大幅度下降，35℃时奶牛的产奶量会下降 33% 左右。

日粮中水分的不同也会造成奶牛干物质进食量有所不同，当日粮中水分超过 50% 时，奶牛的干物质进食量就会降低，因此可以在奶牛日粮中搭配 25% ～ 50% 的优质干草，从而保证奶牛的干物质进食量，维持其对总营养物质的需求和生产的需求。

（二）能量需求

能量是任何生物维持生命活动和生产活动必然需要的，对奶牛而言，当能量不足时，青年牛的生长发育就会受到阻碍，泌乳牛的产奶量就会降低，同时还会消耗自身营养转化为各种能量，从而引起身体虚弱乃至身体机能紊乱等；当能量过剩时，就会导致奶牛肥胖，母牛还会出现难孕、性周期紊乱、难产等，脂肪会在乳腺大量沉积从而阻碍乳腺组织的发展，影响其泌乳功能。

1. 决定奶牛能量供应的物质

奶牛所需要的能量主要包括碳水化合物、蛋白质和脂肪，其中碳水化合物是植物性饲料的主要组成部分，含量能够达到饲料干物质的50% ～ 80%。上述三者所含有的能量有所差别，碳水化合物主要是多糖体，脂肪的能值约为碳水化合物的 2 倍以上，比蛋白质的能值也高出很多，因此调控奶牛饲料的能值，主要取决于其中脂肪的含量。

奶牛泌乳期随着产奶量的不断提高，对能量的需求量也会逐渐增加，但奶牛对干物质的采食量增加量较为有限，这就造成泌乳期的高产奶牛若仅靠日粮干物质供应量的增加，根本无法满足其能量的需求。为满足高产奶牛的能量需求，就需要在日粮中对应增加能量浓度，即保证奶牛在采食量不发生较大变化的前提下使采食的能量能够大幅度提高，这就需要在日粮中添加经过处理的保护性脂肪，这些脂肪能够快速被奶牛吸收从而转化为所需的能量，进而有效提高奶牛的产奶潜力和挖掘其生产性能。

2. 通过添加脂肪提高奶牛能量

为奶牛的日粮添加脂肪，需要根据奶牛的产奶水平、日粮的类型、青粗饲料的品质、添加脂肪能够获取的效益等全方位进行考虑，从而确定添加脂肪的量。在奶牛日粮中添加脂肪的量为干物质的 3% ～ 5% 时较为适宜，这样既能够有效提高奶牛的产奶量，也不会打破奶牛身体中的营养平衡。

为奶牛日粮添加脂肪，需要注意以下几项内容。

一是需要分清对象，通常饲喂保护性脂肪主要用于高产奶牛和中产奶牛，对低产奶牛并不适宜。通常泌乳牛群的平均日泌乳量低于 25.5 千克时就属于低产奶牛。

二是要想充分发挥奶牛瘤胃保护脂肪的效果，添加脂肪时应该优先饲喂优质干草来满足奶牛对粗纤维的需求量，这样奶牛瘤胃才会产生更多酸从而充分发挥添加的脂肪的作用；同时需要在日粮中适量增加蛋白质的含量，以保证瘤胃降解蛋白的量和过瘤胃蛋白的含量，维持奶牛身体中蛋白质的平衡。

三是要注意添加脂肪的产品类型和饲喂脂肪的时间，通常要选择不饱和脂肪酸，还应该选择碳链较短的脂肪酸，以有效促进脂肪的吸收率和利用率。饲喂脂肪的时间，应该注意添加和停用时给予瘤胃一定的过渡时间，通常在整个添加过程中可以分三个阶段达到定量，可以在 3 ～ 4 周的时间跨度中使脂肪添加达到全量，这样能够有效保证奶牛的适口性；奶牛在产后不应该短期内就添加脂肪，而是从产后 3 ～ 5 周再开始，在泌乳期和炎热季节添加效果较好，这样能够有效延长奶牛的产奶高峰期，若奶牛进入泌乳后期再添加脂肪效果就不再明显，也就不再具备添加脂肪的必要。

四是需要在添加脂肪的过程中饲喂适宜的添加剂，通常需要在添加脂肪过程中，每天为奶牛补充 6 ～ 12 克烟酸、10 克过瘤胃蛋氨酸或 20 克过瘤胃赖氨酸，也可以每天为奶牛补充 20 ～ 30 克过瘤胃胆碱。这样能够有效促进奶牛的乳蛋白、乳脂率的均衡，同时能够减少奶牛代谢疾病情况的发生。

（三）粗纤维需求

奶牛的饲料中富含的粗纤维对其至关重要，若奶牛日粮中纤维含量不足或饲草过短，就容易导致奶牛消化不良，使其瘤胃的酸碱度下降从而引发奶牛身体出现问题；若奶牛日粮中纤维含量过多，就会降低日粮的能量浓度从而减少奶牛对干物质的采食量，容易造成奶牛的营养不均衡。

粗纤维吸水量很大，且不易消化，所以能够起到填充肠胃、给予奶牛饱腹感的作用，同时粗纤维能够刺激瘤胃壁蠕动和反刍，可以有效促进奶牛保持乳脂率。

通常饲料中的粗纤维分析指标有三种，一是粗纤维（crude fiber, CF）；二是酸性洗涤纤维（acid detergent fiber, ADF）；三是中性洗涤纤维（neutral detergent fiber, NDF）。其中，表示纤维的最佳指标是中性洗涤纤维。在奶牛日粮中，粗纤维含量需要达到15%～17%，高产奶牛的日粮中粗纤维的含量则需要超过17%，对于妊娠末期和干奶期的奶牛，日粮中粗纤维的含量应该达到20%～22%。以NDF表示，奶牛日粮中的NDF含量需要达到28%～35%。[①]

饲养过程中，奶牛的日粮干物质中精料的比例不能超过60%，否则很容易造成奶牛的粗纤维摄入量达不到需求，从而影响奶牛的生长和生产。

（四）蛋白质需求

蛋白质是各种生命的物质基础，不仅是生物构成体细胞和体组织的基本材料，也是生物机体组织生长、更新的必要物质，同时是生物新陈代谢过程中产生的各种酶、激素、抗体等的原料之一。奶牛的瘤胃进行氮代谢时，能够利用饲料中的蛋白态氮和非蛋白态氮，从而构成微生物蛋白质以便供给奶牛使用，因此奶牛对饲料中的蛋白质要求并不严格，只需要供给奶牛足够的粗蛋白质即可满足奶牛的日常所需和生产所需。

需要注意的是，奶牛瘤胃中的微生物群的活动需要氨具备一定的浓度，而通常氨的来源主要是微生物分解饲料中的非蛋白态氮产生，所以奶牛饲料中需要加入一定浓度的非蛋白态氮，如铵盐、尿素等，这样能够有效增

---

① 冯仰廉，陆治年.奶牛营养需要和饲料成分[M].3版.北京：中国农业出版社，2007：82-83.

加奶牛瘤胃中氨的浓度，有利于微生物群合成微生物蛋白，不仅能够降低饲料成本，而且能够保证奶牛对蛋白质的需求。

奶牛所需蛋白质的量，根据奶牛的生长阶段和生产阶段的不同会有所不同，综合而言可以分为日常生活维持需要、生长需要、妊娠期需要、成年母牛增重需要和产奶需要五个方面。

日常生活维持需要主要以体重进行计算，每日可消化粗蛋白质需求量为 $3.35 \times$ 体重 $^{0.75}$，每日小肠可消化粗蛋白质需求量为 $2.5 \times$ 体重 $^{0.75}$；若奶牛体重低于 200 千克，则每日可消化粗蛋白质需求量为 $2.3 \times$ 体重 $^{0.75}$，每日小肠可消化粗蛋白质需求量为 $2.2 \times$ 体重 $^{0.75}$。以 500 千克成年母牛为例，其日常生活维持每日所需可消化粗蛋白质为 354 克，所需小肠可消化粗蛋白质为 264 克。

生长需要主要涉及的是犊牛，其对蛋白质的需求量主要取决于体内蛋白质的沉积量，不同月龄的犊牛所需蛋白质也会有很大不同。包括日常生活维持所需蛋白质，犊牛在哺乳期间的日粮粗蛋白质水平需要达到 22%，3～6 月龄、6～12 月龄和 12～18 月龄所需要的日粮粗蛋白质水平分别是 16%、14%、12%，犊牛在 1～6 月龄日粮平均粗蛋白质水平为 20%～24%。

妊娠期需要指的是怀孕后的母牛在维持日常生活需要的基础上，还需要增加额外蛋白质供给，不同体重、不同怀孕月份的母牛每日需要额外增加的蛋白质供给也会有很大不同。

成年母牛增重，需要在维持其日常生活所需的蛋白质量的基础上，按增重的体重来对应增加蛋白质的供应，通常每增重 1 千克需要增加 320 克粗蛋白质供给。

产奶期间的母牛，根据其所产牛奶的乳脂率不同，每产 1 千克奶需要在维持日常生活所需蛋白质量的基础上，增加不同的蛋白质供给，以牛奶乳脂率 3.5% 为例，奶牛每产 1 千克奶需要增加可消化粗蛋白质 53 克，需要增加小肠可消化粗蛋白质 46 克。

不同阶段和不同需求的奶牛，除了维持日常生活所需的蛋白质量之外，还需要额外增加对应的蛋白质量，具体的数据可参照中国《奶牛营养需要和饲养标准》中所列表中的数据，通过数据匹配来调整饲养需要。

（五）矿物质需求

奶牛生活生产所需的矿物质种类很多，其所需矿物质可分为常量元素和微量元素，在其体内占比 0.01% 以上的就是常量元素，低于该比例的就是微量元素。奶牛饲养过程中需要特别注意的矿物质需求主要是钙和磷，其次是钠和氯，这些矿物质属于奶牛所需的常量元素。

1. 奶牛对钙和磷的需求

钙和磷是奶牛体内含量较多的常量元素，也是奶牛骨骼和牙齿的主要成分，奶牛体内 98% 的钙和 80% 的磷存在于其骨骼和牙齿中，两者的比例为 2：1。钙还存在于奶牛细胞和组织液中，参与包括肌肉兴奋、心脏节律收缩调节、神经兴奋传导、血液凝固、牛奶生产等各种活动，当奶牛缺钙时会出现佝偻病、关节僵硬、软骨病等症状；磷还存在于血清蛋白、核酸和磷脂中，参与奶牛体内许多生理生化反应，当奶牛缺磷时则主要表现为食欲不振、饲料利用率低、异食癖、泌乳力下降等。

奶牛不论是维持日常生活还是生长、生产，所需的钙和磷的量都和体重与产奶量息息相关，每日维持日常生活所需按每 100 千克需要 6 克钙和 4.5 克磷计算；生长期的奶牛除上述维持所需钙和磷外，每增重 1 千克需要供给 20 克钙和 13 克磷；产奶期的奶牛除维持自身日常生活所需钙和磷外，每产奶 1 千克标准乳需要供给 4.5 克钙和 3 克磷。

2. 奶牛对钠和氯的需求

奶牛对钠和氯的需求主要通过食盐供给进行满足，其主要分布在奶牛的细胞外液中，是维持外渗透压、代谢活动和酸碱平衡的重要离子，若奶牛缺失食盐就容易出现食欲不振、产奶量下降和异食癖等问题。

奶牛对钠和氯的需求，即维持日常生活需要的食盐量为每 100 千克体重需要 3 克盐，产奶期的奶牛对食盐的需求量需要按产奶量对应增加，每产 1 千克标准乳需要供给食盐 1.2 克。综合而言，奶牛对食盐的需求量可以通过日粮供应进行比例性添加，通常产奶牛对食盐的需要量为其日粮干物质进食量的 0.46%，按照其配合饲料的 1% 添加即可；非产奶牛对食盐的需求量为其日粮干物质进食量的 0.25% ～ 0.3%。

（六）维生素需求

反刍动物体内的维生素可分为两大类，一类是脂溶性维生素，主要包括维生素 A、维生素 D、维生素 E、维生素 K 等，另一类是水溶性维生素，主要包括 B 族维生素、维生素 C 等。其中，部分 B 族维生素和维生素 K 可以通过奶牛自身进行合成以满足自身需求。

奶牛所需的维生素 A 和维生素 D，必须由日粮进行提供，饲料中的 β-

胡萝卜素是维生素 A 的主要来源，通常新鲜牧草中含有的 β–胡萝卜素比较丰富，但干燥和加工后的饲料中含量较低，而且奶牛的瘤胃会破坏 60% 左右的维生素 A，通常情况下日粮中包括新鲜牧草的饲养模式不会造成奶牛缺乏维生素 A，但若日粮属于低粗料或出现牧草过少、含大量青贮玉米秸秆、含劣质粗料时，就需要进行适量的维生素 A 补充。

维生素 D 是一种激素原，能够促进奶牛对钙和磷的吸收，有利于骨骼中钙和磷的沉积。通常情况下若对奶牛进行放牧和使其保持一定的光照，奶牛并不会发生维生素 D 缺乏的问题，但舍饲条件下，奶牛日照机会少，其对维生素 D 的需求量就需要在日粮之中进行补充。

维生素 E 是一种抗氧化剂，能够保护奶牛的脂质细胞膜不受破坏，并提高细胞和体液的免疫反应，通常在饲料中会以生育酚的形式存在，所以一般日粮饲养并不会令奶牛缺乏维生素 E。

B 族维生素种类很多，通常奶牛不会缺乏，但通常在哺乳期的犊牛需要补充一定的烟酸。维生素 C 也被称为抗坏血酸，通常可以在奶牛的肝脏和肾脏中合成，因此不用进行特别的补充。

（七）水需求

水属于奶牛生活和生产中非常重要的营养物质之一，不论是奶牛维持体液正常的离子平衡，还是体内营养物质的消化吸收和代谢，以及粪尿和汗液的排出等，都需要水的参与。

奶牛的水需求主要源于饲料中的水分、体内的代谢水以及饮水，饮水是其补充水分较重要的渠道，而其饮水量会受到奶牛的干物质进食量、产奶量、温度、水质等多方面的影响，因此饲养奶牛时需要保证拥有优质且干净的水源，同时要保证合理的饮水环境和条件。

一般情况下，每头奶牛的每日饮水量要达到 60 ～ 100 升，因此在饲养过程中必须保证其饮水量的供应，同时需要注意水温合适、饮水器平坦且宽敞。

第二节　奶牛饲料特性及加工调制

饲料指的是能够直接或通过加工后被动物采食，可以为动物提供营养物质且对动物无毒无害的物质。对于奶牛饲养而言，其成长和生产所需的各种营养就是靠采食饲料获得，而奶牛采食的不同饲料会有不同的特性和营养含量，根据不同的饲料特性和奶牛采食及消化需求，还需要对饲料进行对应的加工调制。

一、奶牛饲料的分类和特性

供给奶牛采食的饲料种类很多，根据其作用和特性，可以将饲料分为粗饲料、青绿饲料、青贮饲料、能量饲料、蛋白质饲料、矿物质饲料、维生素饲料和饲料添加剂等，其中粗饲料、青绿饲料和青贮饲料属于综合性作用饲料，能量饲料和蛋白质饲料是偏针对性作用饲料，矿物质饲料、维生素饲料和饲料添加剂属于特殊作用饲料。

（一）综合性作用饲料

粗饲料、青绿饲料和青贮饲料是奶牛日粮中非常重要的部分，其中粗饲料指的是天然水分含量小于45%、干物质中粗纤维含量大于等于18%的饲料；青绿饲料和青贮饲料则属于天然水分含量大于等于45%的饲料，属于多汁饲料，只是青贮饲料属于通过密封窖进行发酵封存的多汁饲料。

1.粗饲料

粗饲料属于奶牛主要的养分来源，其干物质中的粗纤维含量较高，因此借助奶牛瘤胃的发酵作用能够为奶牛提供能量支持，同时高含量的纤维素也能够有效刺激瘤胃的蠕动和促使反刍动作产生，对奶牛自身的生长、生命维系、生产具有非常重要的作用。

粗饲料根据主材料的不同可分为多类，本书主要介绍四种。

第一种是苜蓿干草，其也被称为牧草之王，营养价值高且适应性强，产量也非常大，在苜蓿初花期进行收割，其干物质中粗蛋白质含量可以达到20%～22%，钙元素含量为3%左右，赖氨酸含量高达1.34%，且含有丰富的维生素和微量元素，不仅是较经济的栽培牧草，也是如今规模化奶牛养殖场必不可少的TMR粗饲料。

第二种是秸秆，主要是各种农作物的茎秆和皮壳，包括玉米秸、豆秸、稻草、麦秸、豆壳等，其粗纤维含量很高，为干物质的25%～30%，比较难以消化，营养价值较低，但是价格较为便宜，其是填充奶牛瘤胃、刺激奶牛胃壁保持其正常消化功能的基本饲料。

第三种是禾本科牧草，主要是羊草，其属于多年生牧草，叶量丰富且适口性好，营养丰富且产量高，是奶牛粗饲料中上等的青干草。羊草之中干物质含量为 28.64%，其中粗蛋白质含量为 3.49%，不仅价格较为便宜，而且营养可与苜蓿干草进行匹配，比较适宜干奶期的奶牛采食。

第四种是甜菜粕，其是制糖生产过程中的副产品经过压榨烘干之后造粒形成的，富含丰富的粗纤维、蛋白质和微量元素，其中粗蛋白质含量为 10.3% 左右，粗纤维含量为 20.2% 左右，粗脂肪含量为 0.9% 左右，属于一种营养价值较高的优质粗饲料。

2. 青绿饲料

具有代表性的青绿饲料包括天然的野草，还包括栽培的牧草和树叶类饲料，如苜蓿、三叶草、草木樨、黑麦草、杨树叶、榆树叶等，而进行青绿饲料饲喂较理想的方法就是放牧采食，这样能够使奶牛无损地摄取牧草的营养。青绿饲料水分含量很高，因此柔软而多汁，适口性好，通常陆生牧草的含水量能够达到 60% ~ 90%，蛋白质含量也很高，能够占到干物质的 13% ~ 15%，豆科类牧草中的蛋白质含量甚至能够占到干物质的 18% ~ 24%，而且其中氨基酸种类较为全面，赖氨酸和组氨酸的含量也较高，这对提高奶牛的生产性能有很好的作用。

青绿饲料中粗纤维的含量较低，且木质素含量较低，所以粗纤维的消化率非常高，能够达到 78% ~ 90%，可以有效刺激奶牛消化腺的分泌，属于奶牛的保健饲料。

同时，青绿饲料含有丰富的维生素，包括多种 B 族维生素和较多维生素 C、维生素 E 等；其微量元素的含量也非常丰富，尤其是钙、磷的比例适当，以及含有铁、锰、锌、铜、硒等。

青绿饲料的不足之处是干物质含量较低，所以其能量含量也较低，需要和能量饲料及蛋白质饲料进行搭配饲喂，通常青绿饲料的饲喂量不应超过日粮干物质的 20%，以避免奶牛营养摄取不足。

3. 青贮饲料

青贮饲料是奶牛饲养过程中较为理想的饲料，也是日粮中必不可少的部分。其主要是对带穗玉米、青玉米秸、各种牧草等原材料进行恰当的青贮加工。

带穗玉米青贮是在玉米乳熟后期进行收割，将秸秆、茎叶、玉米穗整株切短放入密封的青贮窖中，经过微生物发酵后形成具有特殊芳香气味、适口性较好、营养丰富、鲜美多汁的饲料，青贮带穗玉米最大限度地保留了新鲜玉米的营养，能够在四季为奶牛提供多汁饲料。

青玉米秸青贮是在玉米果穗收获后，玉米秸秆保留一半左右绿色叶片时进行贮藏，若已有四分之三叶片干枯，则属于青黄秸秆，进行青贮时要进行适当的加水，通常每百千克要加水 5～15 千克，并视干枯情况进行调整。

各种牧草的青贮则是以禾本科青草或豆科牧草为原料，进行半干青贮或混合青贮，半干青贮就是低水分青贮，干物质含量比普通青贮饲料高 1 倍左右，适口性好且养分损失少，可以将原料快速风干并在低水分状态下装入青贮窖进行密封；混合青贮则是将牧草进行混合青贮，或以含水量较高的牧草和作物秸秆进行混合来青贮，豆科牧草和禾本科青草混合青贮较适宜的比例是 1 ∶ 1.3。

（二）偏针对性作用饲料

能量饲料和蛋白质饲料是具有较强针对性作用的奶牛饲料，能量饲料的作用是为奶牛提供能量，蛋白质饲料的作用则是为奶牛提供足够的蛋白质。

1. 能量饲料

能量饲料指的是天然水分含量低于 45%，干物质中粗纤维含量低于18%、粗蛋白质含量低于 20% 的奶牛饲料。其在奶牛日粮中占据比例最大，是为奶牛提供能量的主要食物，通常能够占据日粮的 50%～70%。

能量饲料种类有很多，比较常见的有玉米、米糠、麦麸、玉米胚芽粕、糖蜜、油脂等。玉米含淀粉量很大，碳水化合物含量超过 70%，是用量非常大的一种能量饲料，被誉为饲料之王；米糠是糙米精制过程中的果皮和种皮等部分，其精制程度越高，饲用价值越高，而且因其脂肪量大所以不易久存；麦麸是小麦加工面粉后剩余的副产品，其容积较大，主要用于调节饲料的比重，同时其还具备轻泄性，可以促进奶牛通便润肠；玉米胚芽粕是加工玉米胚芽油之后的副产品，多数属于中档能量饲料，对奶牛而言是很好的能量补充饲料；糖蜜是工业制糖过程中剩下的无法结晶为糖的液体，属于一种黏稠半流动物体，可以和精料、粗饲料一起调配，有效利用其黏性；油脂主要用于泌乳早期能量负平衡的奶牛，以及夏季热应激较高的奶牛，油脂能够有效减缓热应激、平衡能量从而保证奶牛产奶量。

2. 蛋白质饲料

蛋白质饲料指的是天然水分含量低于45%，干物质中粗纤维含量低于18%、粗蛋白质含量大于等于20%的奶牛饲料。蛋白质饲料主要是为奶牛提供所需的蛋白质，常见的蛋白质饲料有大豆饼粕、棉籽粕和棉籽、玉米蛋白、菜饼和菜粕等。

大豆饼粕是大豆榨油后的副产物，通常通过压榨取油的副产物是大豆饼、通过浸出法取油的副产物是大豆粕，其中粗蛋白含量很高，能达到40% ～ 50%，大豆粕中脂肪含量较低，质量更稳定，大豆饼则脂肪含量高，适合奶牛催乳；棉籽是棉花的种子，棉籽粕则是棉籽取油后的副产品，其粗蛋白含量为34%左右，在饲料中适当添加能够有效提高奶牛乳脂率，但用量不能超过精料的50%，一般在精料的20%左右较为适宜；玉米蛋白是玉米淀粉的副产品，其水分含量小于11%，粗蛋白质含量为20% ～ 35%，属于一种发酵饲料，因此使用时需注意霉菌含量；菜饼和菜粕是油菜籽取油过程中剩余的副产品，菜饼是压榨取油后的副产品，水分通常为6% ～ 9%，蛋白质含量为34% ～ 36%，菜粕是预压浸提法取油后的副产品，有多种级别，其水分含量为12%左右，一级粕蛋白质含量大于41%，二级粕则大于39%，三级粕大于37%，四级粕大于35%，通常奶牛饲料所用多为三级粕。

（三）特殊作用饲料

矿物质饲料、维生素饲料和饲料添加剂均属于特殊作用饲料，能够为奶牛提供特殊的元素需求，发挥特定的作用。

1. 矿物质饲料

在各种奶牛饲料中，均含有一定量的矿物质元素，通常放牧状态自由采食的奶牛能够保证采食饲料的多样性，所以能够满足对矿物质的需要，但舍饲条件下或饲养高产奶牛时，因饲料多样性稍差且矿物质元素需求量较大，所以必须在日粮中另行添加矿物质饲料。

常见的矿物质饲料主要有三种，第一种是石灰石粉，即天然碳酸钙，含钙量在35%以上，是奶牛补充钙元素较廉价也较方便的饲料；第二种是磷酸氢钙，其能够为奶牛补充磷和钙元素，通常含磷22%、含钙15%左右，可和石灰石粉配合饲喂，能够有效调整钙磷平衡；第三种是食盐，主要为奶牛提供钠和氯元素，奶牛的饲料多数为植物性饲料，因此含钠和氯较少，但含钾较高，因此为保持生理平衡可以恰当补充食盐，在精料中添加比例为1%即可。

2. 维生素饲料

维生素饲料主要为奶牛提供对应的维生素，其在奶牛日粮中占据比例非常微小，通常需要经过专业生产厂家将维生素和饲料进行预混后才可以添加到日粮中，维生素饲料对环境条件非常敏感，贮存不当就会失效，因此养殖场应妥善保管。

3. 饲料添加剂

饲料添加剂主要是为了提高奶牛的生产性能、保证奶牛健康、节省饲料成本、改善奶牛饲料营养结构和吸收，因有些添加剂原料会在产品中残留从而对生物健康造成影响，所以在使用时需要格外注意，决不能使用不符合规定的产品。

饲料添加剂主要包括矿物质类饲料添加剂、维生素类饲料添加剂，且需要根据奶牛的需求量酌情添加，另外高产奶牛饲料中还需要匹配添加烟酸、胆碱、硫胺素等以促使奶牛营养平衡。

饲料添加剂还包括瘤胃缓冲剂、酶制剂、酵母培养物、阴离子盐等，瘤胃缓冲剂较常用的是小苏打、氧化镁等，目的是维持瘤胃的 pH 值稳定，应用瘤胃缓冲剂需要考虑一定的基本条件，如日粮中精料占比 50% ～ 60% 的奶牛群、热应激环境等易影响瘤胃环境失衡的情况，主要使用小苏打，可每头奶牛每天饲喂 150 克；酶制剂是一种能够破坏植物饲料细胞壁释放其营养物质的添加剂，可根据需要适当添加；酵母培养物是为了维持奶牛瘤胃 pH 值稳定，刺激瘤胃消化纤维素并提高挥发性酸的产量，有效提高奶牛进食量，可在奶牛产奶初期为每头每天添加 15 ～ 115 克；阴离子盐包括硫酸铵、硫酸铝、氯化钙、硫酸镁、氯化铵等，主要用于代谢病发病率高的奶牛群中，其适口性很差，因此通常需要和适口性较好的饲料混合饲喂，可每头每天添加 200 克，和 2 倍以上量的载体混合饲喂。[①]

二、奶牛饲料的加工调制

奶牛饲料的营养价值一方面取决于饲料的原料和本身的营养，另一方面取决于饲料加工调制的手段。奶牛的饲料种类很多，但普遍存在加工前适口性差、利用率低的情况，而通过科学合理的加工调制，能够有效改善饲料的适口性和营养比例，从而可以有效提高奶牛的采食量和饲料利用率。

---

① 徐晓锋，张力莉.奶牛饲料资源利用与日粮质量监控[M].银川：宁夏人民出版社，2018：92-116.

（一）青贮饲料加工调制

青贮饲料主要是为了给奶牛提供四季多汁的青绿饲料，青贮的基本原理就是利用微生物的乳酸发酵作用使饲料的营养能够长期保存，且能够维持多汁适口性高的特性。

在制作青贮饲料时需要先将原料切短，通常牧草类以 7 ～ 8 厘米较适宜，玉米作物秸秆等较粗的原料则不能超过 1 厘米；之后置入青贮窖中，科学进行封闭，通常每次向窖内添加 20 厘米饲料充分压实后再进行添加，最终令饲料超过窖口 0.5 米以上用软草、秸秆、塑料薄膜等进行封顶，入窖后需要添加一定的甲酸、矿酸等添加剂，以便达到抑制微生物活动的作用，使青贮饲料能够长期保存。[①]

进行饲料青贮时需要尽可能排出空气，并为乳酸菌提供适宜的温度，原料温度控制在 25 ～ 35℃，当超过 50℃后乳酸菌的生长会被抑制，丁酸菌则会大量繁殖，会令饲料出现臭味而腐败，因此进行原料加工时要尽量缩短时间，并保证原料温度。

在使用青贮饲料时，窖只能打开一头且分段开窖，还需要分层取用，取用完毕需要再次盖好避免二次发酵和日照；饲喂青贮饲料时需要从少到多进行过渡，给予奶牛瘤胃微生物群一定的适应时间；青贮饲料的用量需要根据奶牛的品种、成长阶段、饲料质量进行一定的调整，通常其可以作为奶牛的唯一粗饲料使用，奶牛每头每日可饲喂 20 ～ 30 千克。

（二）秸秆氨化处理

秸秆氨化处理是一种成本低廉且经济效益显著的粗饲料加工方法，主要是利用氨溶于水生成氢氧化氨软化秸秆的作用，使秸秆内部木质化纤维膨胀增加通透性，促进奶牛对粗纤维的消化，同时能够有效提高秸秆中粗蛋白的含量，有效提高饲料的营养价值。

秸秆氨化加工首先需要选择质地较好且含水量在 13% 以下的农作物秸秆，包括玉米秸秆、小麦秸秆、棉籽壳、稻草等，将其粉碎为 1.5 ～ 2 厘米的小段；其次，选择背风向阳且地势较高的位置建造氨化池，既要避开人畜流动场所，同时要靠近牛舍附近方便取材，氨化池的大小和容量视秸秆量确定，通常形状为长方形或圆形，每立方米氨化池装取 100 千克秸秆效果较好，挖好后中间砌隔墙分两格，两格轮流使用；最后，选择恰当的氨

---

① 徐晓锋，张力莉 . 奶牛饲料资源利用与日粮质量监控 [M]. 银川：宁夏人民出版社，2018：86-91.

源，通常可以使用各种农用氮肥，最常用的是尿素和碳铵，用量为4%～5%尿素，若用碳铵为8%～12%。若秸秆含水量为12%，每100千克秸秆需加30千克溶液，具体做法是每100千克秸秆匹配4～5千克尿素，充分溶解到40千克水中均匀洒在秸秆上并搅拌，最终装至出窖口30～50厘米，并用薄膜覆盖密封。

秸秆氨化的时间通常与环境温度息息相关，夏季为2～3周，秋季为3～6周，冬季为8周以上。通常氨化秸秆质量较好为黄褐色，气味糊香且质地松软，若秸秆呈灰白或褐黑色，有刺鼻臭味则无法作为饲料。取用氨化秸秆做饲料需在取出后摊在透风处放氨一天，直到无刺鼻氨味后才能进行饲喂，取用后仍需将窖密封，也可以全部取出晾干，堆积在背阳通风防雨淋处，随用随取。

（三）青干草加工调制

中国的牧草资源呈现出生产季节的不平衡性，因此进行奶牛饲养时需要储备一定的干草。青干草的加工调制成本较低且方法简便，非常便于大量储存，对奶牛饲养而言意义重大。

青干草的加工需要收割牧草后进行干燥，具体的方法有三种：第一种是地面干燥法，比较适合于太阳光照强烈、空气湿度较低的地域，具体的过程和时间会因为不同地域的气候的不同而有所不同，但普遍是将牧草均匀摊在干燥水泥地面进行晾晒使其干燥；第二种是草架干燥法，多适用于潮湿气候地域，尤其是收割牧草是多雨的情况下，可以将牧草放置于草架上进行晾制；第三种是高温快速干燥法，其工艺过程是将切碎为2.5厘米左右的牧草通过高温干燥机进行干燥，然后用粉碎机加工成粒状，或压制成草块，成品为干草饼或干草粉。

青干草加工调制完成后，要求含水量低于18%，需要及时进行储藏和堆垛，草垛要均匀坚实，减少受雨面积，这样才能更好地避免发霉和腐烂。使用青干草饲料时，需先检查品质，优质青干草颜色鲜绿且香味浓郁，适口性好且叶量多，饲喂时要注意分段取、分层取，饲喂过程要循序渐进逐渐增量，给予奶牛适应时间。

（四）精饲料加工调制

通常精饲料的适口性好且消化率高，因此不需要进行特定的加工调制，但有些籽粒类精饲料，其种皮、颖壳等细胞壁物质会抑制一些营养的快速释放和消化，因此需要进行一定的加工调制。

通常精饲料的加工调制手段有两种，一种是基础加工调制手段，包括研磨和压扁，即对质地坚硬或有皮壳的饲料进行磨碎或压扁，以确保奶牛能够进行消化吸收，尤其是整粒玉米的饲料，需要进行研磨，碎粒直径在1～2毫米较为适宜；还包括浸泡和湿润，湿润主要应用在粉尘较多的饲料中，浸泡则多用于籽实或油饼，通过浸泡使之软化更易吸收消化；还包括焙炒，适用于淀粉含量高的饲料，通过焙炒能够将一部分淀粉转化为糊精从而香味十足，可焙炒后磨碎，与青干饲料进行混合，提高饲料适口性。另一种是进行饲料颗粒化，即先将饲料粉碎，然后按照奶牛不同阶段的不同营养需求，按比例搭配不同的饲料，混合后用饲料压缩机进行加工，形成颗粒状饲料，属于一种全价配合饲料。

第三节　饲料对奶牛泌乳量的影响

奶牛的泌乳量和投喂的饲料情况关系密切，综合而言是因为奶牛瘤胃中产生的低级脂肪酸的不同比例会受到饲料类型的影响，主要是乙酸、丙酸和丁酸，其比例和产生数量会对奶牛的生产性能造成一定的影响。

一、不同类型饲料和奶牛泌乳量的关系

不同的饲料类型，会对奶牛瘤胃中各种低级脂肪酸的产生造成一定的影响，如乙酸被瘤胃壁吸收后会直接参与奶牛体内代谢和能量提供，还会参与乳脂肪的合成，所以会在一定程度上提高所产牛奶的乳脂率；丙酸被瘤胃壁吸收后会随血液循环进入奶牛肝脏，并转化为葡萄糖，合成为肌糖原和肝糖原，能够快速提高奶牛的体脂肪，所以在奶牛的育肥阶段非常重要；丁酸则具有促进奶牛生长和提高机体免疫力、调节瘤胃和肠道微生物群的功能。[1]

（一）粗饲料

饲养奶牛时以粗干草等粗饲料为主时，奶牛瘤胃中乙酸的含量会比较高，丙酸和丁酸会相对较少，乙酸所发挥的功能会更加强，所以奶牛的胃肠功能强，饲料利用率较高，尤其是饲料转化乳汁率较高。只不过因为粗

---

① 蒋小丰，方热军. 丁酸在动物体内的作用 [J]. 饲料工业，2008（20）：51-54.

饲料含有粗纤维过多，单位重量奶牛可消化的养分比较少，这就造成奶牛需要大量采食才能够完成日常营养所需和生产所需，但奶牛瘤胃的容积毕竟有限，以其瘤胃的容积根本无法让奶牛获得足够的能量和养分，所以增重效果很差，生产性能也无法被完全挖掘。

（二）青绿多汁饲料

青绿多汁饲料主要是优质青贮饲料和放牧采食牧草，此类饲料会增加瘤胃中丙酸和丁酸的含量，而乙酸含量会减少，奶牛能够提高泌乳量，且能够快速增膘增重，但相对的奶牛瘤胃的能力没有完全被发挥和挖掘出来。且青绿多汁饲料的水分含量较高，所以采食量有限，奶牛营养不容易被补全。

（三）精饲料

精饲料通常淀粉含量较高，奶牛采食后瘤胃中乙酸含量会减少，丙酸含量会增加，从而可以快速提高体脂肪含量，因此用一定谷物类精饲料代替劣质干草，奶牛增重速度较快。

但通常精饲料密度高、松散度小，属于沉重饲料，如果让奶牛消化道和胃部得到满足，就需要大量谷物，而这会造成奶牛胃酸增加从而容易形成酸中毒，还会令奶牛瘤胃微生物群的消化性受到抑制。也就是说，仅饲喂精饲料时奶牛的消化效率并不高，而且还容易出现消化机能紊乱的问题。

（四）粗精饲料搭配

以粗饲料和精饲料搭配的方式，即以干草粗饲料为主，以精饲料为辅，这样既能够充分发挥出奶牛瘤胃的消化机能，同时能够满足奶牛的日常营养需求和矿物质需求，从而在维系奶牛正常身体生理机能的基础上，为瘤胃微生物群提供足够的营养，增加瘤胃中丙酸的浓度，为奶牛体脂肪的增加和储备奠定基础。即粗精饲料搭配既能够令奶牛健康生长生活，又能够有效提高营养储备和挖掘其生产性能，是较为科学的饲料搭配形式。

二、搭配饲料促进奶牛产奶量的手段

中国荷斯坦牛拥有非常高的产奶潜力，有些本来产奶量处于中等（5 000千克）状态的奶牛，若给予其良好和科学的饲养，同样能够达到高产（8 000千克以上）奶牛的状态，但若饲养手段不够科学，营养供给不均衡，高产奶牛也不容易达到高产的标准，从而降低经济效益。

通常情况下成年母奶牛产前 30 天到产后 70 天的饲养是决定奶牛高产性能是否高效发挥的关键时期，抓好此阶段的饲养管理，搭配好饲料供应，在奶牛后续产奶阶段满足奶牛的营养需要，通常可以达到预期的生产目标从而实现高产稳产。具体搭配饲料促进奶牛产奶量可以从以下几个角度着手。

（一）必须满足奶牛所需干物质采食量

想让奶牛采食到足够的营养，必须保证奶牛在产前 1 个月每日采食的饲料干物质含量能够达到体重的 2% 以上，产前半个月则需要达到体重的 2.5%，产后 70 天需要达到体重的 4%，只有达到该比例才能够满足奶牛必要的营养需求。

要达到上述标准，一是需要饲喂优质的干草，通过优质干草来有效刺激奶牛的唾液分泌和反刍活动，保证奶牛的身体健康和消化机能充分发挥；二是要确保奶牛日粮中粗纤维的含量不能低于 15%，必须保证其中有三分之一是长纤维，因此饲喂青贮玉米量不能高于 15 千克，胡萝卜用量则为 10 千克，黑麦草等类似青贮饲料需要不限量供应，满足奶牛的采食量；三是要科学减少日粮中饲料的总含水量，保证日粮中干物质含量为 50% ～ 75%，因为当日粮的含水量超过 50%，每增加 1% 含水量，奶牛的干物质采食量就会降低体重的 0.02%；四是需要控制好日粮中精饲料的用量，保证精饲料在日粮干物质中占据的比例不超过 65%，粗精饲料干物质的比例需遵循 1：1 或 9：11 的原则；五是能够为牛舍提供夜间照明，这样有利于奶牛昼夜均可以进行采食，另外因为头胎和二胎奶牛的采食时间较长，所以为了满足此类奶牛的营养需要和采食需求，需要在饲槽中勤添优质粗饲料，确保其能够随时采食；六是能够根据奶牛的产奶量和泌乳所处阶段进行分群饲养，并提供全混合日粮饲养，这样才能够最大限度地挖掘奶牛的生产性能。

（二）日粮配合需注意的问题

促进奶牛产奶量，需要饲喂的日粮搭配科学合理，保证营养均衡且全面。其中，日粮应选用乳熟后期带穗玉米制成的青贮玉米，干物质比例为 35% ～ 40%，玉米粒占据总量 40% 较佳，饲喂的青贮玉米长度在 1.25 厘米左右，保证其中含有 15% ～ 20% 的 4 厘米长度饲料，以便促进奶牛瘤胃消化机能的发挥。

另外，需要在日粮中进行能量、蛋白质、矿物质、维生素和添加剂的补充，对于生产犊牛 5 周内的泌乳牛，其日粮中脂肪含量不能超过 5% ~ 6%，但在奶牛日产奶量达到 35 千克以上时，就需要保证日粮中脂肪含量保持在 7.5% 左右，若日粮脂肪量低于此比例，可以添加豆饼、全棉籽或瘤胃脂肪酸，同时增加钙和镁的供应，钙的增加比例是 1%，镁则增加 3%。

日粮中蛋白质的量，在奶牛处于产前 1 个月时应达到 13.5%，产前半个月应达到 14.5%，产后 1 个月内应保持在 19%，到泌乳高峰期时降低到 17%，泌乳中期则调整为 15%。若是以青贮玉米为主要饲料的奶牛，需要控制玉米类副产品的用量，高产奶牛应该适当增加过瘤胃蛋白，如日产 34 千克标准乳的奶牛可在日粮中加入 0.5 千克蛋白粉。

整个饲养过程中，奶牛日粮中钙、磷元素含量需要高于 20% 和 5%，可以在日粮中添加复合添加剂，有效补充微量元素和维生素；同时需要在日粮中使用有碳酸氢钠组成的添加剂，添加量为日粮干物质的 0.75% ~ 0.82%。

第四节　奶牛全混合日粮饲养技术及管理

奶牛的日粮指的是供给奶牛一天营养所需各种饲料的总量，日粮配合就是通过各种不同的饲料原料，根据饲料的营养成分含量和对应特点，包括适口性、各物质含量比例等，通过一定比例进行搭配，以便配制出能够满足奶牛每日所需营养的日粮。这里主要介绍全混合日粮技术，这是一种按照奶牛饲养标准进行科学配制，将饲料进行充分搅拌、混合后再饲喂的科学饲养方式。

一、奶牛日粮配制原则和方法

（一）奶牛日粮配制原则

首先，要在满足奶牛营养全面平衡的基础上，根据不同饲料的质量、价格、季节等，适当调整饲料配方中不同原料的配比，要选择适口性好、奶牛采食饲料体积适当的原料进行配比。

其次，需要以饲养标准为依据，针对养殖场的各种具体条件，包括饲养方式、饲料品质、加工条件、气候条件等进行适当的调整和变化，务必做到能够充分利用当地饲料资源，这样才能够在降低饲料成本的同时，保证奶牛的营养需求。

最后，在配制日粮的过程中，不论是饲料原料还是各种添加剂，都需要保证其品质登记符合国家奶牛饲养的标准，在确保安全卫生的基础上，再根据奶牛的特性进行恰当科学的营养搭配。

（二）奶牛全混合日粮配制方法

首先，根据奶牛的不同生理阶段、不同体重、不同生产性能特征确定不同奶牛的营养需求量和干物质采食量，通常情况下需要配制出多种不同的全混合日粮，分别针对高产牛、中产牛、低产牛、干奶牛、后备牛、围产期奶牛、头胎奶牛等，并根据不同特征的奶牛进行日粮配制。

其次，计算日粮中粗饲料能够为奶牛提供的营养物质的量，根据不同奶牛的需求计算匹配的精饲料需要提供的营养物质的量，再根据养殖场粗饲料的情况来确定配制的日粮精粗比例；依托养殖场当地精饲料资源情况和市场价格，选择合适的精饲料原料，在保证奶牛营养需求的基础上选择成本恰当、质量优良的精饲料原料。日粮配制需要满足奶牛维持生理和生产的营养需求，同时需要满足奶牛的饱腹感，推动奶牛的身体机能充分发挥。

最后，根据不同奶牛对营养需求的标准，和配制的日粮营养含量进行对比，根据饲料的成本、配制日粮的成本，以及奶牛的身体细节因素，如泌乳天数、产量、体况、乳脂率、乳蛋白率等，还有养殖场的环境因素，如温度特征、湿度特征、风速特征等，对日粮配方进行合理的调整。

二、全混合日粮饲养技术优势

全混合日粮饲养技术是将奶牛所需营养物质和营养量均考虑在内，再结合奶牛特征和气候特性以及养殖场粗饲料情况，进行科学合理的饲料搭配，最终配制出契合养殖者自身发展和挖掘奶牛生产性能的日粮。其具有较为明显的技术优势，主要体现在两个方面，一方面针对奶牛，另一方面则针对养殖者。

（一）针对奶牛

全混合日粮饲养技术对于奶牛而言有以下三个优势。

一是通过精粗饲料的均匀混合，能够有效改善饲料的适口性，从而减少奶牛因为适口性不佳出现挑食，最终产生营养失衡的情况。因为全混合日粮能够保证饲料的营养均衡性，所以可以有效促进奶牛瘤胃微生物群的消化机能的充分发挥，进而有效提高饲料营养的消化利用率。

二是精粗饲料的均匀混合，使日粮中粗饲料和精饲料的作用可以充分发挥出来，如精饲料营养密度较大，若单独饲喂很容易造成奶牛瘤胃中产酸过多从而影响瘤胃微生物群的发酵功能；粗饲料中纤维素含量较高，虽然能够充分挖掘瘤胃的消化机能，但其营养含量偏低，且饱腹感强，单独饲喂无法满足奶牛的营养需求。而两者混合的全混合日粮，则能够促使奶牛瘤胃功能最大限度的发挥，同时能够满足营养需要，调控了瘤胃的内环境，降低了奶牛的营养代谢病的发生率。

三是全混合日粮可以根据不同奶牛群体和奶牛不同泌乳阶段生理需要进行配方调整，进而可以使奶牛拥有更好的体质，从而充分发挥出奶牛泌乳的遗传潜力，也能够有效激发奶牛的繁殖力，培育出更多拥有高产泌乳能力的奶牛。

（二）针对养殖者

全混合日粮饲养技术针对养殖者，拥有两个优势。

一是能够简化程序从而降低饲料配制成本和投入成本，可从养殖者角度提高生产效率。养殖者可以根据粗饲料的品质和价格，以及饲养奶牛的数量和养殖场状况，灵活调整精饲料和各种添加剂饲料的选择；全混合日粮饲养技术能够使不易搅拌和混合的饲料原料充分混合，从而可以促使饲料投喂精确度提高，减少饲料的浪费；通过全混合日粮饲养技术可以对奶牛进行精细化分群，从而更便于机械化饲喂，能够有效提高劳动生产率，降低养殖场的管理成本；同时运用全混合日粮饲养技术，能够有效减少员工数量，通过机械化搅拌和投喂手段，能够减少员工和奶牛群体的接触，可有效降低奶牛防疫成本。

二是能够有效提高养殖场的经济效益，前面已经提到全混合日粮饲养技术能够降低各种投入成本，但成本的降低并不能提高养殖场的经济效益，而全混合日粮饲养技术能够促使奶牛增加干物质采食量，科学饲喂不同阶段的奶牛，可以有效提高奶牛的产奶量和牛奶质量，自然能够为养殖场带来更高的经济效益。

三、全混合日粮的制作工艺和饲喂管理

（一）全混合日粮的制作工艺

全混合日粮的制作，最重要的就是实现配方中各种饲料的充分混合，需要在完成配方配制之后，准备好各种饲料原料和搅拌器械，进行充分搅拌加工，具体需要遵循以下几个原则。

首先，制作过程中需要遵循先放干原料后放湿原料，先放轻原料后放重原料的原则，添加的顺序通常是干草粗饲料、精饲料、全棉籽等脂肪饲料、青贮玉米等蛋白质饲料。这样先后添加的方式能够促进各种饲料充分混合，从而在饲喂过程中使营养分配更加均衡。

其次，搅拌过程中需要遵循一定的时间和效果原则，就搅拌时间而言，通常需要在最后一种饲料加入后继续搅拌 5 ～ 8 分钟，整个搅拌过程耗时 25 ～ 40 分钟，需要确保搅拌完成的日粮中有 12% 以上的粗饲料长度在 4 厘米以上。搅拌之后需要保证精粗饲料混合均匀，即精饲料要能够附着在粗饲料表面，松散但不会分离，新鲜而无异味，同时不会结块，水分含量要在 45% 左右，不得低于 40% 也不能高于 50%，夏季可适当提高，但也要保持在 55% 以下。全混合日粮的加工次数，可以遵循夏季存放不变质、不发热，冬季存放不结冰的原则，通常夏季可以加工 2 ～ 3 次，冬季可以加工 1 ～ 2 次，投喂后在食槽内翻料 2 ～ 3 次效果较佳。[①]

最后，需要在制作过程中注意对应的问题，一是确保搅拌者能够定期校正控制器，搅拌过程中严格按照日粮配制的配方；二是搅拌过程中严格控制搅拌量，避免过多装填从而影响搅拌效果，通常需要根据搅拌车的载量说明，按其有效容积的 80% 进行装填；三是搅拌和加工过程中一定要严密防止各种杂质混入其中，避免杂质损坏搅拌车，也避免奶牛采食到异物从而影响生产；四是需注意搅拌时间，通常时间长短会决定日粮的颗粒度，另外就是若原料水分较大也会影响颗粒度。

（二）全混合日粮的饲喂管理

养殖场饲养奶牛的日粮主要有三种，一种是调配的日粮配方，一种是当日配制加工投喂的日粮，还有一种是奶牛采食的日粮。较完美的标准是

---

① 徐晓锋，张力莉.奶牛饲料资源利用与日粮质量监控[M].银川：宁夏人民出版社，2018：191-195.

三种日粮能够基本一致，即当日配制加工投喂的日粮和调配的日粮配方完全匹配，投喂的日粮完全被奶牛采食。通常这三者并不会百分百匹配，但需要尽量缩小三者的差异，这就是全混合日粮的饲喂管理。

进行全混合日粮的饲喂管理，首先需要时常检查奶牛的干物质采食量，即对奶牛实际采食量和预期值进行比对，发现不匹配的需要寻找其中的缘由，并针对性地解决和纠正，保证日粮配方科学合理且符合实际。

其次，需要对配制加工的原料和日粮进行营养成分测定，主要是其水分含量需要时常进行测定，保证其符合配方的要求。通常原料营养成分需要一周检验一次，或者每批次检验一次；原料水分则需要每周至少检验一次。然后根据检测的结果对日粮配方进行适当的调整。

最后，需要进行科学的饲槽管理，不论是人工投喂还是机械投喂，都需要保证日粮投放均匀，每只奶牛需要拥有 50 ～ 70 厘米的采食空间，同时每天的投喂次数和投喂顺序要固定。

饲养人员需要每日进行查槽，一方面观察日粮搅拌均匀度和一致性，另一方面则观察奶牛每日采食和剩槽情况，通常剩料量为总投料量的 3% ～ 5% 较为适宜，若大于 5% 则说明配方有一定的问题，需要及时进行调整，而且其中过长的青贮和干草秆属于废料，不能列入剩料之中。

饲养人员需要注意满足奶牛食槽中每天有 21 ～ 23 小时有饲料，做到不空槽，保证奶牛随时能够吃到饲料，也就是自由采食，而且最好做到每小时翻推一次饲料，做到勤推槽，保证食槽中有足够日粮，能够有效增加奶牛食欲；观察奶牛休息时的反刍活动，当奶牛群休息时应该有一半以上在反刍才正常，若奶牛转群之后改变日粮配方，发现投放量不足时需要以首次增加 10% 进行测试，根据其剩料情况进行增减，给予奶牛一定的适应时间。

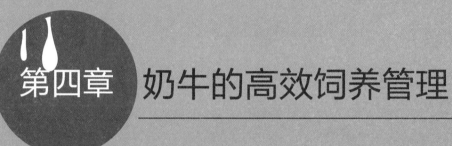

第四章 奶牛的高效饲养管理

第一节　奶牛的饲养舒适度管理

奶牛饲养最终的目标是通过科学合理的手段，有效提高和充分激发奶牛的生产性能，做到奶牛身心健康，产奶量稳定高产。要达到该目标就需要进行必要的饲养舒适度管理，即通过饲养过程中为奶牛创设一个更加舒适的生活和生产环境，以便保证奶牛身体机能的健康、提高和激发生产性能。广义的饲养舒适度涉及奶牛饲养的各个环节和各个方面，此处主要涉及两方面内容，即物理环境的舒适度和心理环境的舒适度。

一、物理环境的舒适度管理

奶牛饲养过程中的物理环境涉及面很广，其舒适度的管理主要涉及奶牛的卧床管理、牛舍的地面管理、奶牛的温度管理、奶牛的饮水管理、牛群的饲养密度管理和饲养环境卫生管理等多个方面，具体如图 4-1 所示。

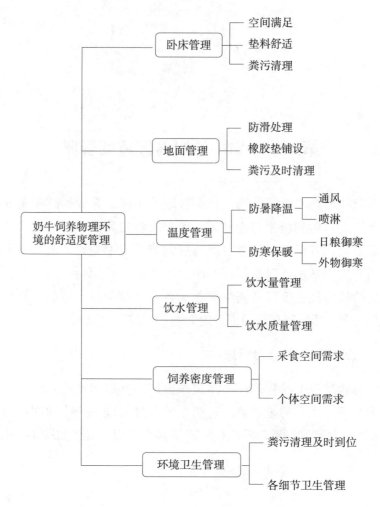

图 4-1　奶牛饲养中物理环境的舒适度管理

（一）奶牛的卧床管理

奶牛的生活和生产过程中同样需要长时间的休息，通常需要达到每天 12～14 小时的休息时间，足够的休息时间（包括反刍时间）是保证奶牛产奶量的基础，而奶牛主要的休息场所就是奶牛的卧床，因此奶牛卧床的设计必须合理，不仅要容纳奶牛站立，同时需要有足够的空间满足奶牛躺卧。

较为现代化的奶牛卧床主要是自由散栏式，包括挡墙、挡胸板、卧栏、颈杠等，其坡度在 4° 时较契合奶牛的身体状况，同时其垫料需要和卧床外沿高度保持水平，而卧床内部稍高于外部更方便奶牛躺卧。

奶牛卧床的垫料丰富多样，包括沙子、稻壳、锯末、橡胶垫、牛粪沼渣回填、水床等，不同的垫料的优缺点各有不同，通常垫料要根据养殖场的实际情况进行选择。例如，虽然各养殖场均能使用沙子，但其粪污处理一直属于难点；牛粪沼渣回填需要将沼渣进行干湿分离后，晾晒到其中干物质达到60%以上；橡胶垫和水床则对气候条件要求较高，通常气候特别炎热的地域，奶牛卧床不适合使用橡胶垫，其本身就非常热，高温天气会更加炎热，而通常冬季气候寒冷的地域，奶牛卧床则不适合使用水床，温度过低容易结冰而无法使用。

奶牛的卧床管理需要每天进行垫料添补和更换，若是沙子垫料则需要每日翻耕，产奶牛需要在挤奶时及时对其卧床进行翻耕，从而令奶牛回来时卧床新颖，上床率更高；卧床躺卧的舒适度需要通过观察奶牛每日躺卧时间和次数确定，若奶牛平均躺卧时间高且时间均衡，则说明卧床较为舒服。

（二）牛舍的地面管理

奶牛的牛舍是奶牛运动交流的主要场所，每天会有数个小时在牛舍地面交流和活动，这里所说的牛舍的地面，包括舍内地面、转群通道、挤奶厅地面等，这些地面都需要进行防滑处理以避免奶牛摔倒，通常的做法是设置防滑槽，新建牛场牛舍的地面需要将防滑槽突出的尖锐棱角处理掉，可以通过沙土覆盖后推一次将棱角消磨掉。

另外，奶牛每日会有数次通过转群通道或挤奶通道的机会，因此通道的舒适度需要格外注意，如可以在通道上铺设橡胶垫，因为奶牛是一种非常聪明的动物，它们会选择舒适度更高的橡胶垫通道行走，而不会去选择水泥通道，这样就能够保证奶牛在转群或挤奶过程中保持良好的状态。

牛舍的地面每天都会有牛的粪尿堆积，因此需要合理清理，若使用机械清扫一般每日三次即可，若是人工使用刮粪板则越勤越好，只要不影响奶牛的使用和生活即可。及时清理牛舍的地面粪尿能够有效减少奶牛肢蹄病的发生，也能够减少粪尿所产生的氨气等有害气体对奶牛的危害。

（三）奶牛的温度管理

奶牛是一种对温度较为敏感的畜类，尤其是对高温的敏感度更高。奶牛的温度管理主要包括防暑降温管理和防寒保暖管理。

1. 奶牛的防暑降温管理

奶牛在外界温度达到21℃以上后就会开始出现热应激，在24℃以上时热应激就会比较明显，从而影响其生产性能，而且在24℃以上同时空气湿度过大时对奶牛生产性能的影响更为严重，因此夏季对奶牛进行防暑降温、减轻湿度是管理其舒适度的重要保证。

通常情况下夏季为奶牛进行降温降湿管理，需要通风系统和喷淋系统的协调配合，通风系统主要包括自然通风和智能化恒温牛舍。自然通风需要根据养殖场所在地域的气候条件，选好门窗形式，通常简单判断牛舍自然通风是否良好只需要看边角是否有蜘蛛网即可。

另外，机械通风也是常规牛舍和智能化恒温牛舍必需的配备，常规牛舍的通风器械需要根据温度变化来选择开启时间，通常需要在温度上升之前就将风机开启，尤其是泌乳牛舍和犊牛舍更需要如此。而恒温牛舍则需要将风机、喷淋、卷帘的工作进行智能化连接，使其能够根据牛舍的温度和湿度变化自动调节。

喷淋设施是缓解奶牛热应激的主要措施，通常有喷淋和喷雾两种形式，喷雾无法令奶牛彻底降温，而是通过水雾喷洒在奶牛的牛毛上形成保护层，但可能会令奶牛的体热无法散出；而喷淋则需要根据外界温度的变化科学地调整次数和时间，通常喷淋设施会和吹风设施共同配合，这样能够起到更好的降温降湿效果。

2. 奶牛的防寒保暖管理

奶牛的防寒保暖主要是针对北方养殖场，而且养殖场冬季的防寒保暖主要针对的是湿度，因为湿度对奶牛的影响比低温更大。

对奶牛进行防寒保暖管理，需要在牛舍安装干湿温度计，确保牛舍的封闭性良好，任何带有门窗、通口、卷帘的部位都需要做好封闭，以避免自然热量的损失；牛舍的建筑材料中需要包括防火保温的材料，以便实现自然热量不散失；拥有条件的地方可以为牛舍和产房、犊牛舍、挤奶厅等处配备地暖，这样不仅能够保证奶牛更加舒适，而且可以保证各设备的良好运行；恒温牛舍需要做好负压通风，通常要做到每 15 分钟进行一次通风，将牛舍内的潮气抽出，犊牛舍也需要做好负压通风，保证其拥有新鲜空气和保持正常的温度；还要着重对奶牛的卧床进行管理，确保卧床干燥舒适，对奶牛保持体温有很大的作用。

对奶牛中的犊牛需要重点关注，为了保证犊牛更加舒适，可以在犊牛出生体毛干燥后，给犊牛穿上犊牛服（小马甲），可以穿 1 个月的时间，待其具备一定的自身御寒能力后再脱掉，犊牛服的选择需要根据不同的气候特征选择不同的厚度；而泌乳牛和初产牛可以在温度较低时为奶牛戴上奶牛乳罩，以保证其乳房的保温，这样可以有效保证奶牛的生产性能。

奶牛的防寒保暖较为重要的一个步骤就是要对应地提高奶牛对干物质的采食量，即必须确保奶牛能够吃饱，日粮中干物质量必须要达到一定的标准，以便为奶牛提供足够的能量御寒，这是保证奶牛能够健康且保证生产性能的根本。

（四）奶牛的饮水管理

奶牛饲养过程中，饮水量巨大，尤其是在产奶期和高温气候下奶牛的饮水量会再次增加，如奶牛在夏季的饮水量会增加 1.2 倍～ 2 倍，以 30 千克单产的奶牛为例，其在夏季的日平均饮水量会达到 150 升以上。以牛群平均数来看，每头奶牛每日平均饮水量为 60 ～ 100 升，因此要提高奶牛的舒适度就需要保证足够且高质量的清洁水源，即奶牛的饮水管理需要从饮水量和饮水质量两个角度着手。

1. 饮水量管理

要保证奶牛的饮水量，不仅水源供水量需要有所保证，而且在设计牛舍的过程中需要考虑水槽位置，通常每个牛群的牛舍需要有两个饮水槽，两个饮水槽距离最好在 15 米以内，能够保证奶牛想喝水时就随时能够喝到，也能够避免处于主导地位的奶牛会一直占据饮水槽。通常饮水槽需要保证牛群中 10% ～ 15% 的奶牛能够同时饮水，另外为了满足奶牛的行走，开放的水槽需要保证 1.2 米以上的饮水空间范围，饮水槽周围的宽度要保证 4 米以上，这样能够保证有奶牛饮水时旁边可以同时有两头牛行进；饮水槽的长度需要保证每头牛的饮水空间在 10 厘米以上，夏季时则需要保证每头牛的饮水空间为 20 厘米。

一般水槽的较适宜高度是 60 ～ 70 厘米，供水过程中水的深度需要达到 10 厘米以上，通常为 10 ～ 25 厘米，同时水面距离水槽上边缘为 8 ～ 10 厘米，以保证奶牛饮水时鼻镜能够深入水槽。奶牛每天饮水时间共 30 分钟左右，且包括了奶牛在饮水槽处站立的时间，因此奶牛每天的实际饮水时间仅为 10 分钟左右，这也造成了奶牛非常喜欢大口饮水，所以水槽供水时必须要注意上水速度，即保证奶牛在大口饮水的情况下水槽的水深度在 10 厘米以上。

2. 饮水质量管理

保证奶牛的饮水质量，是确保奶牛饮水数量的根本，也是保证奶牛生产性能的根本，因此需要定期检查水质，同时夏季每日刷洗一次水槽、冬季每两日刷洗一次水槽，若发现有粪便污染的水槽要及时进行刷洗。

当奶牛的乳脂率和乳蛋白率较高，但奶牛的产奶量却很低时，这时首要检查的就是饮水的质量和奶牛饮水的数量。要保证饮水质量，除水源品质达标、水槽清洁干净外，还需要确保水的温度，奶牛最佳饮水温度是 10～20℃，奶牛舍中水槽的水温必须要保证在 2～27℃，且冬季水温必须达到 13℃，这样才能够确保奶牛的饮水质量和饮水数量。

养殖场可以根据养殖场地域的气候，为水源加装预冷装置或预热装置，甚至可以将牛奶制冷时的热能应用到加热水槽中，以保证能量的合理循环利用，减少能源消耗。

在奶牛饲养管理过程中，养殖场需要定期检查水槽的限位浮球阀，并通过水表记录和监测奶牛每日的饮水量，同时需要关注饮水槽的质量，包括其清洁度、是否漏水和渗水、能否正常供水、保温情况如何等，以量化监测的方式来进行奶牛的饮水管理。

（五）牛群的饲养密度管理

奶牛属于群居动物，但同样需要个体空间，尤其是采食空间的需求，通常牛舍需要保证足够的食槽位。通常奶牛在一天中需要采食十数次，因此需要预留出 5～10 个食槽位，以确保奶牛能够随时采食，同时每次投喂时也应该多出 5～10 个牛位的饲喂量，这样才能保证有些弱小或体质较差的奶牛也可以得到食槽位。

奶牛在不同的成长阶段和行为过程中需要不同的个体空间，也就需要对奶牛的饲养密度进行详细管理，通常饲养密度需要根据运动场面积进行核算，新产牛和围产牛的存栏密度为 80%，干奶牛的存栏密度为 85%，高产牛的存栏密度为 90%，青年牛的存栏密度则为 95%。根据运动场面积来核算，平均每头奶牛需要的私密空间为 23 平方米左右，较好的饲养密度是每头奶牛不低于 25 平方米，若是牛舍中，每头奶牛的饲养密度应该保持在 5 平方米左右。这样能够为奶牛提供更加舒适的饲养密度和个体空间，从而保持奶牛的健康与活力。

（六）饲养环境卫生管理

奶牛饲养过程中，要做好饲养环境的卫生管理，整个养殖场环境要做到圈舍干净、饲料干净、用具干净、饮水干净、空气干净、牛体干净等。

对于牛舍来说，需要勤打扫，每日清理粪污，并定期用10%的新鲜石灰水或3%的漂白粉进行消毒杀菌，其中清理粪污是较为关键的一项保持环境卫生的工作。

泌乳牛舍需要每天清理三次粪污，因此可以为每个牛舍配备专职的清理工，负责对牛舍的卧床进行清粪和卫生维护，可以在牛群离开卧床和牛舍时进行清理，并在奶牛返回牛舍前将通道上的粪污推出并清理干净；犊牛舍需要每天清理一次粪污，并保证犊牛卧床垫料干燥舒适，每周需要更换或添加垫料一次或两次，其厚度保证在15厘米以上，其饮水桶要24小时有水且干净卫生；后备牛舍需要每天清理两次粪污，每周清理一次水槽，卧床垫料也需要每周添加，保证其厚度在15厘米以上；产房则需要时刻保证分娩状态下的奶牛使用的垫料干净、干燥且松软，需及时将被污染的垫草、胎衣清理出去，确保其整洁卫生。

其他方面则需要注意的是，奶牛饲料和各种用具需要时常在阳光下暴晒，冬季的干草饲料需要在投喂前仔细检查，剔除其中的杂物，避免金属等进入奶牛体内对其造成伤害；奶牛饲喂通道在早上饲喂之前需要进行详细打扫，确保通道尘土厚度小于1毫米且无其他杂物残留，挤奶厅和转群通道则需要在无奶牛时进行清理和打扫；工作人员需要对工作服和医疗器具等进行煮沸消毒，确保医疗防疫安全；每月需要定时清理奶牛运动场，添加垫料和进行机械耙松，雨雪天气需要及时清理运动场积雪，避免其结冰影响奶牛的运动和休息，雨天需要禁止奶牛进入运动场，减少奶牛滑倒和泥泞污染，运动场清理时需要注意各种石块、杂物，保证运动场干净、干燥、松软。

二、心理环境的舒适度管理

影响奶牛产量和健康的心理环境，主要体现在奶牛的各种应激表现中，想保持奶牛充分发挥其生产性能，身心健康，就需要对奶牛的心理环境进行舒适度管理，影响奶牛心理环境的应激反应主要有以下两类，需要进行针对性管理。

（一）人为应激

人为应激就是养殖场各种人员在和奶牛接触过程中所造成的各种应激反应，主要有以下三类。

第一类是转群过程中的应激，不同生长阶段和生产阶段的奶牛都可能会面临转群问题，如从产房转向泌乳群，从泌乳群转向干奶群等，转群必然会令奶牛产生应激，因此要尽量减少转群，只有在不可避免的情况下再进行转群，将转群的次数降到最低，减少应激；也可以在转群时进行成批转移，即让同一批牛群同时去面对一个新群，尽量避免单头奶牛的转群。

第二类是为了育种、喷漆、医疗免疫、产后护理等，不得不对奶牛进行固定的保定应激，为减少奶牛的保定应激，需要通过培训使对应人员提高效率，保证夹牛时间低于 40 分钟，能不保定的尽量不进行保定。

第三类是赶牛造成的应激，尤其是泌乳牛每日需要到挤奶厅中，通常需要人员进行驱赶，此过程中一定要温柔驱赶，尤其不能大声呵斥或者对奶牛进行击打。

（二）环境应激

奶牛的环境应激主要表现在三个方面，一是养殖场各相关外在环境舒适度对奶牛造成的应激反应，二是温度变化对奶牛造成的应激反应，三是噪声对奶牛造成的应激反应。

1. 环境舒适度产生的应激

养殖场的环境舒适度就是前面提到的相关地面软硬度、清洁程度、饲养密度等，不论是过分坚硬的水泥地面还是过分潮湿的地面，都会对牛蹄产生危害，从而令奶牛产生不同程度的应激，导致奶牛的繁殖力下降、产奶量降低；牛舍的清洁程度不佳，不仅会产生各种有害气体，而且会滋生大量的微生物和蚊蝇，从而导致奶牛出现应激，还会导致奶牛抵抗力下降；饲养密度过高，同样会令奶牛产生应激反应，如导致奶牛躺卧时间缩短，产奶量也会造成影响；另外，奶牛分群后会再次建立社会等级，此过程中也会引发应激，低等级奶牛的产奶量会下降，同时分群后环境和日粮的变化，也会造成应激，因此分群后需要给予奶牛一定的适应时间，并逐步改变其生活习惯。

2. 温湿变化产生的应激

奶牛对温度的敏感就是奶牛的温度应激反应，若环境温度超出奶牛适宜的范围，尤其是温度过高时，奶牛机体散热会受阻，从而整体影响奶牛的体内代谢机能，很容易造成产奶量下降。因此，在夏季高温状态下，一定要注意奶牛的防暑降温，同时保证环境湿度在 40% 以下，这样才能减少奶牛的热应激。

奶牛的冷应激主要体现在湿度过高温度过低时，对于成牛而言，外界温度过低时需要保持日粮供应，满足奶牛的营养需求，同时及时控制牛舍湿度，要保证太阳的照射时间。通常外界温度低于5℃时奶牛就开始进入冷应激状态，有可能会造成奶牛乳房炎发病率上升，初产牛在低于0℃和泌乳牛在低于 -5℃时，需要注意乳头冻伤。

对于犊牛而言，寒冷环境下犊牛的死亡率会大幅提高，且腹泻和呼吸性疾病发病率会提高，因此需要针对性地对犊牛实施保暖措施，如使用烤灯将初生犊牛烤干，为其穿上马甲等。

3. 噪声产生的应激

奶牛对90分贝以上的噪声会产生强烈应激反应，通常情况下养殖场中牛舍的噪声要求低于70分贝，因此各种车辆的运行需要注意影响，包括推料车、饲喂车辆、接产车辆等，赶牛过程中也不能大声喧哗，避免奶牛形成噪声应激。综合而言，整个奶牛养殖场需要保持一个比较安静的环境，这样才能够为奶牛的高产稳产以及健康成长创造良好的条件。

第二节　生长奶牛的分阶段饲养管理

生长奶牛指的是从奶牛出生到奶牛配种产犊牛的整个阶段，主要分为三个阶段，一个是犊牛，一个是育成牛，另一个是青年牛，不同时期奶牛的生长特征也会有所不同，需要采用不同的饲养模式，因此需要进行分阶段饲养管理。

一、犊牛的饲养管理

犊牛主要指从出生开始到6月龄的奶牛，此阶段的犊牛需要经历多个生理特征和生理环境的巨大转变，包括从母体子宫环境进入体外自然环境、从依靠母乳生存到依托自主采食生存、从反刍前到反刍生存模式等，整个阶段中犊牛的各个器官系统发育尚不完善，因此其不仅抵抗力低而且易于感染疾病。

另外，犊牛的器官系统也处在快速发育阶段，因此可塑性很大，良好的饲养培育条件能够促使犊牛在后期成长过程中更加顺畅，成年后体型外貌、干物质采食量、繁育能力、泌乳能力等更加健康也更具潜力。犊牛的整个培养目标是满 6 月龄犊牛体重能够达到 200 千克，体高能够达到 1.1 米，整个犊牛期日增重约 900 克，并具有健康的体质和各方面潜力，这就需要从以下三个阶段做好饲养管理。

（一）犊牛出生后的护理

犊牛出生后的护理主要包括擦拭黏液、断脐消毒、哺喂初乳、排出胎粪、母子分离转舍等工作，另外需要填写犊牛的出生记录，信息包括体重、体尺、体况评分，照相存入犊牛电子档案，登记好纸质系谱并做好存档等，在其出生后按照规定进行编号，并打上耳号，该编号具有唯一性和信息准确性。

1. 擦拭黏液

犊牛出生之后，需要立即清除犊牛口腔、鼻腔和耳内的黏液，可采用干净柔软的棉布进行清理，以避免黏液被犊牛吸入气管和肺部影响其正常呼吸。若犊牛已吸入黏液，需要产出后握住其后肢倒提，拍打犊牛背部令黏液排出。

犊牛身上的羊水最好由母牛舔舐干净，该做法不仅能够刺激犊牛呼吸且加强血液循环，羊水中的某些激素也能够促进母牛子宫收缩复原并排出胎衣。因犊牛初生时体质弱，因此若环境温度较低时应尽快擦干犊牛的被毛避免其受凉，之后要除去犊牛脚上的角质块促进犊牛快速站立。

2. 断脐消毒

犊牛出生后通常需要进行人工断脐，需要在犊牛腹部脐带距离其腹部 6 ～ 10 厘米处，两手卡紧脐带后反复揉搓，在揉搓的远端用消毒后的剪刀将脐带剪断，并挤出脐带中的黏液，用 5% 的碘酒浸泡脐带 30 秒进行消毒。若脐带在犊牛腹部根处断掉，需要针对性做缝合处理。也可以在距离犊牛腹部 4 ～ 6 厘米处用消过毒的绳子扎紧脐带，在绳结下 1 ～ 1.5 厘米处剪断脐带再敷碘酒。

3. 哺喂初乳

初乳指的是雌性哺乳动物产后 3 天内所分泌的乳汁的统称，一般乳牛分娩后 1 周内采集的乳汁被称为牛初乳，之后产的奶则被称为常乳。通常初产奶牛会在 2 小时内挤初乳，其中富含大量免疫球蛋白和较为丰富且易消化的养分，能够有效促进犊牛提高免疫力和快速生长发育。初乳通常呈黏稠状，深黄色，具有特殊的气味，其中所含有的干物质、矿物质是常乳的 2 倍，蛋白质是常乳的 4 倍～ 5 倍，能量和维生素含量也比常乳高很多。

犊牛出生后肠壁的通透性很强，但随着时间推移犊牛肠壁的通透性会快速下降，所以犊牛出生后 0.5 ～ 1 小时必须尽快饲喂初乳，其中的免疫球蛋白能够直接通过犊牛肠壁吸收从而转化为犊牛的免疫力，其也是犊牛自身免疫系统发育完全前为其提供免疫力的主要来源，能够有效降低犊牛受疾病侵害的概率。另外，初乳中通常含有大量镁盐，具有轻泻作用，比较有利于犊牛胎粪的排出。

通常新生犊牛初次饲喂初乳是在其出生后 1 小时内，饲喂量为 2 ～ 2.5 千克，通常以奶壶让犊牛吸吮饮用，若犊牛过分虚弱或短时间无法喝到初乳，可以使用灌服器进行灌服；初次饲喂后再过 6 ～ 9 小时，需要再次饲喂初乳 2 ～ 2.5 千克，饲喂的初乳温度要控制在 39℃ 或稍高。若是小母犊牛，应该持续饲喂初乳 3 天，每日饲喂量不应该超过犊牛体重的 10%，可分三次饲喂，若初乳选用的是冷冻初乳或冷藏初乳，都需要温水浴热到 39℃ 再进行饲喂。

4. 排出胎粪

通常犊牛饲喂初乳后 1 ～ 2 小时，犊牛会排出胎粪，若犊牛无法排出胎粪，需要通过人工按摩后海穴（位于肛门上方、尾根下方正中窝处），或采用灌肠来促进排便，灌肠用品为少量肥皂水或盐、半勺小苏打和 1 升温水，这样能够有效软化粪便促使排出。

5. 母子分离转舍

犊牛出生后应该在 1 ～ 2 小时将其从母牛身边移走，分离时需要注意母牛的护犊行为。犊牛健康状态下需要尽快转入温暖的犊牛岛中单独圈养，并做好保温工作，尤其是冬季需要做好防寒保温工作，还需要为犊牛岛定期消毒，使犊牛岛温度保持在 18 ～ 22℃，当温度低于 13℃ 就会引起犊牛出现冷应激反应。

（二）断奶前犊牛的饲养管理

初生犊牛的皱胃比较发达，其容积能够占据总胃容积的 60% ～ 70%，其中瘤胃、网胃和瓣胃的功能尚不完善，在其出生到约 2 月龄犊牛差不多完全靠皱胃消化牛奶，以便为自身提供生长发育的营养物质，因此该阶段需要将犊牛当作普通的单胃动物饲养，犊牛可以通过吸吮乳头产生条件反射，食管沟闭合从而使牛奶和流质食物直接达到皱胃以便消化吸收。

断奶前犊牛的饲养管理主要涉及四个内容，分别是饲喂和开食、去除副乳头、去除角、断奶。

1. 饲喂和开食

犊牛的整个哺乳期平均为 50 天左右，全期的喂奶量约为 400 千克，养殖场可根据不同阶段犊牛的体重对饲喂量进行调整，通常每日饲喂三次，每次饲喂量是全天饲喂量的三分之一。

犊牛不再饲喂初乳后，开始饲喂常乳或代乳粉，饲喂代乳粉对质量要求较高，可购买质量可靠的厂家生产的代乳粉，在饲喂时需要做到定时、定温，奶温要保持在 39℃左右。通常犊牛出生后第一周，需要全程使用奶瓶饲喂，这样能够充分利用其吸吮刺激食道沟闭合，从而避免奶进入瘤胃。

在犊牛出生后第一天即可开始训练其采食精料，也被称为开食，开食料是一种根据犊牛消化特点和营养需求，运用优质原料并添加各种营养素加工而成的营养较为全面且非常适宜犊牛吸收的颗粒状饲料，养殖场可以根据犊牛的生长速度增加开食料，保证其精料 24 小时新鲜不变质，任由犊牛进行自由采食，同时开始 24 小时提供新鲜饮水，注意冬季需要提供温水，且饮水不能在饲喂的牛奶中添加。

开食是为了通过训练促使犊牛瘤胃的发育，通常在犊牛 15 日龄时可以将开食料与优质干草进行混合饲喂，混合比例为 9∶1，以便运用优质干草中的纤维素刺激犊牛瘤胃绒毛发育、锻炼犊牛瘤胃的肌肉功能等，干草长度最好为 2.5 厘米左右，这样更易于犊牛消化。尽早提供开食料能够有效提高犊牛的断奶能力，也能够确保断奶后犊牛有较快的增重速度。断奶前犊牛饲喂情况如表 4-1 所示。

表 4-1　断奶前犊牛饲喂情况

犊牛日龄	牛奶饲喂量	阶段饲喂量	开食料（每日）	饮水
1～7 天	平均 6 千克/天	7 天 42 千克	第 4 日开始，少量	第 4 日开始，自由饮水
8～15 天	平均 7 千克/天	8 天 56 千克	少量	自由饮水
16～35 天	平均 9 千克/天	20 天 180 千克	（9∶1 比例的开食料与优质干草）0.5 千克	自由饮水
36～50 天	平均 6 千克/天	15 天 90 千克	（混合料）0.7～1 千克	自由饮水

犊牛日龄	牛奶饲喂量	阶段饲喂量	开食料（每日）	饮水
51～55天	平均3千克/天	5天15千克	（混合料） 1.3～1.5千克	自由饮水
总计	—	55天 共383千克	55天 共30～35千克	每天5～8 千克

2. 去除副乳头

通常情况下奶牛乳房有4个发育良好的乳头，但也有些奶牛正常乳头附近会长出大小不等的乳头，也被称为副乳头，这种情况通常在犊牛出生后即可显现，若不对副乳头进行处理，成年奶牛乳房上的副乳头会给挤奶造成很大不便，同时会影响乳房清洗甚至容易造成乳房炎。

因此，养殖场需要在犊牛出生后8～21日龄去除其副乳头，若初期因为乳头过小无法有效区分正常乳头和副乳头，可以推迟到能够区分时进行，较佳的时间是6周龄之前，而且去除副乳头需尽量避开炎热的夏季。确诊为副乳头后，可用消过毒的弯剪或刀片直接剪掉，需要注意去除副乳头后要涂抹碘酒或消炎软膏进行消毒避免发炎；还可以采用结扎法去除，用消过毒的结扎线从副乳头根部结扎，每隔3～5天再次紧扎直到副乳头脱落，在脱落处涂抹少许碘酒消毒即可。

3. 去除角

犊牛去除角通常需要在犊牛出生3～4周完成，通常去除角的方式有两种。

一种是电烙铁法，即用特制的顶端为杯状的电烙铁，保证其杯状大小与犊牛角的底部一致，在通电加热使烙铁温度一致后，将烙铁杯状顶部放在犊牛角的部分烙15～20秒，或烙到犊牛角的周围组织变为古铜色为止，此过程中需将犊牛角基的生长点完全烫死破坏，要保证用力均匀且时间恰当。这种方法可以保证犊牛角部不出血，因此任何季节均可进行，不过只适用于35日龄以内的犊牛。

另一种是苛性钾（即氢氧化钾）去除角法，即先剪去犊牛角基部和四周的毛，用凡士林涂抹在角基部四周，要防止涂抹苛性钾时溶液流到犊牛眼中，通过苛性钾棒在犊牛角基部进行涂抹、摩擦，直到角基部出血，破坏角基部的生长点，要确保涂抹仔细且完全，将所有生长点全部破坏。此法只适用于 3 ～ 20 日龄的犊牛。使用该法去除角后 1 周左右，涂抹药物部分的痂会脱落，在痂脱落之前一段时间需要令该犊牛与其他犊牛隔离，且需要避免其受到雨淋，以防苛性钾随雨水流入犊牛眼中或面部造成损伤。

4.断奶

当犊牛达到 50 日龄左右，连续 5 天采食开食料达到每日 1.5 千克以上时，就可以通过减少液态料的次数，如每天三次饲喂先减少为每天两次，随着犊牛开食料采食量慢慢增加，可再次减少为每天一次，最终断奶。

通常犊牛的断奶最好选择气候和温度较为稳定的时期，要尽量避免在极端天气环境下或气温变化突然的阶段断奶，包括极端炎热、极端寒冷、气温骤升或骤降等。

（三）断奶后犊牛的饲养管理

断奶之后的犊牛需要避免马上进行转群，应该在原地过渡饲养 1 周时间，再将其转入专门的过渡圈中进行再次过渡，时间约为 15 天，此过程中要为犊牛提供开食料和优质干草，保证犊牛能够自由采食，并保证充足的洁净饮水。

再次过渡完成后，可根据犊牛月龄进行分群饲养，通常 1 ～ 2 月龄段可设为一群，犊牛日粮为开食料和优质干草，供给犊牛能够 24 小时自由采食，当犊牛的日采食量达到均衡的 2 ～ 2.5 千克时，即可改喂混合料，可以将 20% 粗蛋白的犊牛开食料过渡为 17% 粗蛋白的青年牛生长料。需要保证犊牛在满 6 月龄时日粮干物质采食量能够达到 4.5 千克，使其日增重保持在 0.7 ～ 1 千克。

二、育成牛的饲养管理

犊牛饲养满 6 个月，就需要从犊牛舍转入育成牛舍，进入育成牛的培养阶段，通常所说的育成牛指的是 7 月龄到初次配种之间的奶牛，根据其生长发育特点主要可分为两个阶段，需要进行阶段性饲养并做分群管理。其中第一阶段是 7 月龄到 12 月龄，此阶段是奶牛乳腺和性器官的主要发育阶段，基本 12 月龄会达到成熟；第二阶段是 12 月龄到初次配种，其中 15 月龄前是奶牛瘤胃和体况快速发育的关键阶段。

（一）7月龄到12月龄育成牛的饲养

7月龄的奶牛开始进入性成熟阶段，性器官和第二性征会快速发育，尤其是乳腺组织会在此阶段快速发育，体高和体长也会快速增长。7月龄的奶牛瘤胃机能已经基本完善，能够消化青绿饲料，消化器官的发育也非常快速，需要在日粮中提供优质青干草，同时补充精饲料。

需要注意的是，饲喂的日粮中的能量不要太高，以避免奶牛过于肥胖使脂肪沉积在乳房，影响乳腺的发育乃至影响成年后的泌乳能力；另外，虽然此阶段日粮以粗饲料为主，但需要避免饲喂低质量的粗饲料，而应该以优质青干草为主，辅以精饲料，否则会造成奶牛瘤胃发育不良从而容易营养不足。

（二）12月龄到初次配种育成牛的饲养

到12月龄后，奶牛的消化器官会进一步向成熟发育，瘤胃的消化能力会快速提高，体况变化也会非常明显，其消化能力会逐渐达到成年牛水平，因此可以消化大量粗饲料，到14月龄或15月龄奶牛的体重将达到成年牛体重的70%左右，这时就可以根据奶牛的发情情况进行配种。配种之前需要注意日粮搭配，应以优质粗饲料为主，搭配适量精饲料，既要避免营养过高导致奶牛过肥，也要避免营养过低使奶牛生长受限无法适时发情配种。

中国荷斯坦牛的理想配种阶段为13～15月龄，体重为350～400千克，体高为120～127厘米，胸围为145～152厘米，过早配种会影响奶牛的正常生长发育，从而降低其产奶期的产奶量，适时配种则能够延长奶牛的生产年限，即提高泌乳量、增加经济效益、发挥奶牛生产潜力。

（三）育成牛的饲养特点

虽然育成牛饲养是犊牛饲养的延续，该阶段的饲养管理相对犊牛阶段更加粗放和自由，但却丝毫不能马虎，因为此阶段奶牛的体型、体重、产奶性能、适应性等在快速变化，是挖掘奶牛未来产奶潜力的重要阶段。如果在犊牛阶段过早断奶造成奶牛体重较轻，就需要在育成牛阶段进行补偿，以提高奶牛的体质。

育成牛的饲养可以进行合理分群，通常是将体重、月龄、体高等相近的奶牛分为一群，还要避免频繁转移以减少应激。育成牛是身体发育关键期，充足的运动对其健康发育和拥有良好体型外貌有重要作用，因此育成牛可以完全散养，终日让奶牛待在露天运动场自由活动，并自由采食和自由饮水，这样可以有效提高奶牛的运动量，从而提高奶牛的体质和维系良好体型外貌。

育成牛阶段的培养目标是奶牛达到适配体重，通常为 350 ～ 400 千克，并保持适宜的体膘，日粮以优质干草等粗饲料为主，保证供应，并辅以每日混合精饲料 2 ～ 2.5 千克，日粮的蛋白质水平要达到 13% ～ 14%，12 月龄以上育成牛可选用中等质量干草来培养奶牛耐粗饲料的性能，同时提高瘤胃机能，在奶牛瘤胃机能达到一定水平可采用青贮饲料喂养。在投喂精饲料过程中需要注意投放的均匀度，保证精饲料和粗饲料混合均匀。

此阶段需要在奶牛乳房快速发育期坚持乳房按摩，以促进乳腺发育，从而有效提高未来产奶量，这样也能够有效避免奶牛产牛之后出现抗拒挤奶的现象，通常每次按摩的时间以 5 ～ 10 分钟较为适宜。整个育成牛阶段要控制每日增重保持在 0.77 ～ 0.82 千克，这样才能保证奶牛生长发育的同时，避免过多脂肪沉积在乳腺中。

三、青年牛的饲养管理

在 24 ～ 25 月龄以前产犊是青年奶牛饲养的基本目标，因为当奶牛产犊年龄超过 25 月龄就会延长青年牛饲养期，不仅会增加饲养成本，而且会缩短奶牛的利用年限。若满足奶牛产犊年龄在 25 月龄以前，根据奶牛妊娠期为 280 天来计算，奶牛就需要在 15 月龄左右完成配种，即奶牛需要在 15 月龄之前就满足配种要求，即体重控制在 360 ～ 400 千克，体高达到 120 ～ 127 厘米，体况评分在 3.0 分以上，骨架足够大，这样才不易出现难产和产奶量下降的状况。

（一）青年牛的饲养特点

青年牛是处于初配和妊娠期的奶牛，饲养模式以散放分群饲养为主，并保证奶牛自由采食，在初配阶段需要做好发情鉴定和配种记录，进入妊娠期则需要做好妊娠检查和记录，并注意观察奶牛的乳腺发育情况，整个阶段要尽量减少奶牛的转移。

整个饲养过程中要保持青年牛舍干燥、清洁、日粮供应充分，产房要严格执行消毒程序，保持干燥和清洁，并注意观察奶牛的临产症状，做好分娩前的准备工作，最好以自然分娩为主，因此需要掌握适当和适时的助产方法。

妊娠期间的青年母牛饲养需要满足营养，以便促进胎儿的生长发育，同时需要青年牛保持一定体膘，需要针对奶牛的情况制定经济合理的饲喂方案，既要满足奶牛生长发育和胎儿生长发育所需的营养，还需要防止奶牛产后出现肥胖综合征，且需要关注青年牛的乳房状况和牛蹄状况。混合饲养时需要防止母牛互相挤撞和爬跨，以避免导致母牛流产。

（二）青年牛不同生理特性下的分段饲养管理

青年牛的年龄跨度普遍为 15 ～ 24 月龄。在育成牛配种后的数月间，主要是分娩前 3 个月的阶段，通常可以按照配种前的饲养管理模式，日粮可按配种前的日粮配方进行足料供应，同时因为此阶段胚胎发育迅速，青年牛自身也需要满足生长需要，所以日粮中可额外增加 0.5 ～ 1 千克精饲料，具体供应量可根据青年牛的体况进行调整，一方面避免营养不足，满足胚胎发育和其自身需求，另一方面要避免营养过剩，防止造成奶牛过于肥胖。

1.15 月龄到分娩前 3 个月

在青年牛 15 月龄～分娩前 3 个月，日粮以中等质量粗饲料为主，混合精料从原本的每日 2 ～ 2.5 千克增加到每日 2.5 ～ 4 千克，保证奶牛日粮蛋白质水平达到 12% ～ 13%，日粮干物质进食量可以控制在 11 ～ 12 千克，同时增加饲料中各种微生物、微量元素和矿物质元素的含量，以保证奶牛和胎儿所需。

2. 预产前 60 天到预产前 21 天

从青年牛产前 60 天开始，胎儿的发育速度会逐渐加快，这时需要注意不能为其供应过多营养，从预产前 60 天到预产前 21 天，日粮可控制在干物质进食量 10 ～ 11 千克，要保证日粮蛋白质水平在 14% 左右，混合精料为每日 3 千克，可适当逐渐增加精饲料的饲喂量，促使奶牛适应产后高精饲料日粮特性，同时要控制食盐和矿物质的饲喂量，保证奶牛的体膘度均衡发展。

3. 预产前 21 天到分娩

预产前 21 天到分娩前，此阶段也被称为围产前期，主要目标是使奶牛保持良好的体况，确保体况评分为 3.0 ～ 3.5 分，通常需要适时将临产牛调到产房进行重点护理。分群过程中需要将青年牛和经产牛分开饲养，青年牛体型较小，营养需求也不同，分开饲养能够确保其安全和营养供应。

此阶段青年牛的饲养模式近似于成年母牛干奶前期的饲养模式，需要使用过渡饲养方式，减少苜蓿类高钙饲料的饲喂量，选用低钙日粮，需要比营养需求量低 20% 左右，以避免奶牛出现产后瘫痪的情况；日粮干物质进食量控制在每日 10 ～ 11 千克，粗蛋白水平在 14.5% 左右，混合精料饲喂量提高到每日 4.5 千克。

养殖场要做好产前的一切准备工作，如随时注意奶牛的身体状况，产前 1 周开始为奶牛乳头进行药浴，每天 2 次但不进行试挤，同时要加强日粮中的营养水平，为即将来临的泌乳期做准备。如果预产前 7 天到预产前 4 天青年牛的乳房过度水肿或膨胀，就需要适当减少饲喂多汁料和精饲料，如果乳房不硬则照常饲喂即可。在产前 2 天时，日粮中需加入小麦麸等轻泻性饲料防止奶牛便秘。在增加饲料数量的同时，需要保证饲料的质量，其必须新鲜清洁，饮水也要注意温度，尤其冬季需要为奶牛提供温水。此阶段奶牛需要保持适当的运动量，最好与其他母牛分群放养。

第三节　产奶牛的高效饲养管理

产奶牛主要指的是分娩后的奶牛，此阶段需要为奶牛创设干燥舒适且干净卫生的生产环境，确保奶牛维持体况的营养需求和生产所需的营养需求，并根据产奶牛的不同阶段特性，确定饲养管理策略。通常可以将产奶牛的饲养分四个阶段进行管理，包括泌乳早期（即围产后期）、泌乳盛期、泌乳中后期、干奶前期和干奶后期。

一、泌乳早期饲养管理

泌乳早期指的是奶牛分娩后到产后 21 天，此阶段也被称为围产后期，此阶段的奶牛刚生产，一方面需要恢复体况，确保身体健康，另一方面需要尽快恢复繁殖技能，并适应产后挤奶。具体的饲养管理可以从以下几个方面着手。

（一）分群和舒适度管理

奶牛在产后需要监测体温、尿酮和牛阴道分泌物的各项指标，待正常后需要在产后 3 ～ 7 天转出产房，并转移到大群中，等到产后 15 ～ 21 天即可转入泌乳期的高产牛群。通常新产头胎牛需要先进行单圈分群饲养，在分群饲养 21 天左右再将新产头胎牛和经产牛调入大圈进行混合饲养；其中产后病牛需要和产后健康牛进行分开单圈护理，以有效避免疾病的传染和蔓延。

奶牛产后需要护理人员尽快将脏污的褥草清除，并对地面进行冲刷和消毒，牛舍要保持干燥、温暖且通风，夏季需要拥有遮阳设备和降温设备，冬季则需要保持足够的光照并注意防风，但需要保证定时通风使牛舍空气清新。另外，新产牛的卧床需要铺垫沙土并及时清理粪污，最好有专门人员每日对卧床护理三次，保持其干燥、干净、舒适，保证新产牛能够自由起卧。

新产牛在产后 4 ～ 5 天，要有专人对奶牛的后躯进行每日消毒处理，通常护理人员需要由责任心强且技术过硬的兽医担任，以便及时发现问题并妥善处理，确保新产牛的快速恢复，将养殖场的损失降到最低。

（二）饲喂管理

新产牛的产后第一天，饲喂可以保持产前的精饲料量，即占据体重的 1%，但需要由低钙日粮转变为高钙日粮，其中钙含量要占日粮干物质的 0.7% ～ 1%。因奶牛分娩后会大量失水，因此分娩后应立刻喂食温热麸皮红糖水，以便为新产牛暖腹、充饥和增加腹压，加快胎衣的排出，这样有利于新产牛恢复体况，同时为促进新产牛恶露排出和促进其子宫恢复，可以喂食益母草红糖水。若产后奶牛乳房水肿严重，需要适当控制饮水量。

产后第二天，日粮以优质干草为主，保证奶牛的自由采食，不饲喂多汁饲料和青贮饲料，精饲料量以 2 ～ 3 千克较为适宜，这样能够有效避免奶牛乳房水肿的加剧。

到产后第三天若奶牛的食欲良好且排粪正常、反刍正常、乳房水肿逐渐消散，可以在日粮中增加部分青贮饲料，并开始提高精饲料量，可以从产后第三天开始每日增加精饲料量 0.5 ～ 1 千克，到产后 7 ～ 10 天达到精饲料饲喂量为 5 ～ 7 千克，再根据奶牛的产奶量情况，按对应的标准饲喂精饲料。

从产后 11 天到产后 15 天，可以按照超过标准饲喂量 15% 左右进行日粮投喂，逐渐达到产奶高峰期采食量的 80%，日粮中高质量粗饲料，如全株青贮、苜蓿等要占据日粮 40% 以上，精饲料依旧按照对应标准进行增加。[①]

需要注意的是，此阶段若新产牛出现消化不良或乳房水肿不消退等情况，则需要减少精饲料的饲喂量，等奶牛的体况恢复后再进行增加。产后体况好且泌乳潜力较大的奶牛可以适当增加精饲料的饲喂量，但需要注意不能增加过快，产后 1 周饲喂量不应该超过体重的 1.5%；若新产牛产后体况较差，食欲恢复差，泌乳潜力小，则可以适当减少精饲料饲喂量。

---

① 李绍钰 . 奶牛标准化安全生产关键技术 [M]. 郑州：中原农民出版社，2016：83-87.

（三）产后挤奶管理

新产牛分娩后，乳腺分泌活动会迅速得到增强，不过由于新产牛刚刚生产，体质较为虚弱，所以产后 1 ～ 3 天挤奶要少，以恢复奶牛的体质为主。犊牛出生后，新产牛应该尽快挤奶，产后 0.5 ～ 1 小时就开始，以便用初乳喂食犊牛，挤奶前需要清理干净奶牛的后躯和乳房，并按摩乳房，之后用碘酒对乳头进行消毒，用消毒好的毛巾擦干净乳头后挤奶，因为前三把奶含细菌较多，所以通常需要将其弃掉。

产后第一天挤奶量以满足犊牛喂食为标准，通常为奶牛日产奶量的三分之一；产后第二天可以逐渐增加挤奶量，但不能将奶全部挤净。到产后第四天新产牛的泌乳机能和消化机能恢复正常后，乳房开始消除水肿后再恢复正常挤奶。产后尽快挤奶能够刺激奶牛泌乳机能恢复，同时能够提高奶牛的食欲并降低乳房炎发病概率，还会促使奶牛泌乳高峰期尽快到来。

新产牛挤奶需要遵循一定的规范和流程，挤奶员必须身体健康且清洗干净双手，挤奶前做好各种准备，具体包括挤奶机器、药浴液、毛巾、挤奶桶、盛奶桶、洗乳房桶等。

之后进入挤奶流程：一是清洗乳房，新产牛 1 ～ 3 天应用温水清洗乳房，先后擦洗乳房、乳头、乳房底部中沟、左右区、乳镜，并遵循一牛一毛巾的原则将乳房擦干；二是按摩乳房，每次挤奶前需要按摩一次乳房，先用双手捧住奶牛乳房右半部，两拇指在右外侧，其余手指在乳房中沟，自上而下再自下而上对乳房进行按摩，向下时要稍微用力，向上时则需要轻柔，之后以同样手法按摩左侧；三是进行乳头前药浴，即用药浴液对乳头进行药浴 30 秒，之后擦干乳头，用消毒毛巾擦洗乳头；四是进行挤奶，头三把奶需要仔细观察，主要查看是否有絮状物、血乳等现象，有异常要及时通知兽医；五是套杯后挤奶，搏动器的搏动次数应该控制在每分钟60 ～ 70 次；六是挤奶完毕后的药浴，即将乳头的三分之二浸泡到药浴液中保持 30 秒；七是清洗挤奶机并对牛奶进行保存。

二、泌乳盛期饲养管理

泌乳盛期通常指的是奶牛产后 21 天到泌乳高峰结束，一般为产后 21天～产后 100 天，此阶段是奶牛每天泌乳量最多的一个饲养阶段，整个高峰期的泌乳量会直接影响整个奶牛泌乳期的泌乳量，同时会影响奶牛生产的盈利情况。

（一）泌乳盛期的饲养特征

奶牛的泌乳盛期是饲养管理中难度较大的一个阶段，尤其是进入泌乳盛期时，奶牛进入了泌乳高峰阶段，但其采食量却尚未达到高峰，采食量高峰通常要比泌乳高峰推迟1个月左右的时间，这就会使奶牛以体内脂肪来维持高峰泌乳量，所以泌乳盛期开始阶段的奶牛的体重通常会有不同程度的下降。

整个泌乳盛期主要需要保证奶牛瘤胃的健康，充分发挥出奶牛瘤胃的机能，此阶段奶牛的体质已经恢复，消化机能已经正常，因乳腺机能旺盛所以泌乳量会快速增加，整个泌乳盛期泌乳量能够达到整个泌乳期产奶量的40%左右，属于黄金泌乳阶段。

泌乳盛期奶牛的饲喂需要根据奶牛的体况及时对营养配方进行调整，通常需要提高日粮的能量浓度，同时要优化瘤胃的发酵功能，以避免体重下降过快引发酮病。日粮搭配需要以优质粗饲料搭配优质精饲料，粗饲料中的干草以苜蓿、燕麦草等优质牧草为主，青贮饲料以全株青贮玉米为主，以青绿多汁饲料保持奶牛良好的食欲，促使奶牛能够尽量多采食干物质；精饲料和粗饲料的干物质比例为3∶2较佳，精饲料的供给需要满足奶牛对高能量、高蛋白质、高脂肪的需求，但不能补过，可按泌乳盛期的饲养标准给予营养量，不需要过分提高。

为了保持奶牛瘤胃内环境的平衡，日粮中可加入缓冲剂碳酸氢钠100～150克，以便调控瘤胃的发酵机能。另外，泌乳盛期奶牛对钙和磷等矿物质的需要较高，需要在日粮中保证奶牛对矿物质的需求，通常日粮中钙含量应该提高到总干物质的0.6%～0.8%，钙磷比例为3∶2～2∶1较为适宜。

饲喂过程中，需要注意粗饲料和精饲料的交替饲喂，以便保持奶牛旺盛的食欲，可以适当增加精饲料的投喂次数，以少量多次的方式减少奶牛的消化障碍。

（二）泌乳盛期的日常饲养管理

泌乳盛期奶牛的日常饲养管理需要做到以下几项。

首先，日粮饲喂要避免空槽，采用自由采食来提高奶牛干物质采食量，食槽采食位要多于奶牛头数的10%，以确保每头奶牛都能吃到足够的饲料；

同时要加强饮水管理，保证充足且清洁的饮水，冬季饮水温度应该不低于16℃，夏季则可以提供清凉饮水，有助于防暑降温且增进食欲，每日需要清洗一次饮水槽；牛舍要保证卧床沙土松软干燥，便于奶牛卧床，运动场也需要时常维护，保证运动场地面松软，提高奶牛运动舒适度。

其次，饲养员需要加强饲养效果的观察，通常需要从体况、繁殖性能、产奶量三个方面检查，发现问题要及时对日粮配方进行调整；需要加强奶牛的运动、刷拭和修蹄的管理工作，尤其是舍饲奶牛需要每天上午和下午各自由运动一次，每次 1 小时，刷拭则是为了保证奶牛皮肤清洁，预防皮肤疾病的出现，每天可刷拭两次，可在挤奶前进行，还要注意观察奶牛蹄部的状况并及时修蹄；另外需要密切关注奶牛的发情状况，及时进行配种，通常高产奶牛配种时间为产后 60 ～ 90 天。

最后，要加强挤奶管理，泌乳盛期对乳房的护理和加强挤奶管理非常重要，是维系奶牛高产稳产的基础，同时是保证奶牛乳房健康的根本。泌乳盛期可以适当增加挤奶的次数，并加强对奶牛乳房的热敷按摩，每次挤奶尽量不留残余乳，挤奶前和挤奶后对乳头进行消毒，避免乳房感染。牛舍的卧床应该铺设清洁柔软的垫草，避免伤害乳房，也便于奶牛休息。

三、泌乳中后期饲养管理

泌乳中期主要指的是奶牛产后 101 ～ 200 天，泌乳后期则是奶牛产后201 天到干奶之前的阶段。整个泌乳中后期奶牛的产奶量会出现下降的情况，因此此阶段饲养管理会和泌乳盛期有所不同。

（一）泌乳中期的饲养管理

泌乳中期的管理要点是尽量减缓奶牛产奶量的下降速度，同时保证奶牛拥有良好的体况。此阶段奶牛每个月产奶量的下降率在 5% ～ 8% 属于正常生理现象，但若超出此范围，出现产奶量下降速度过快的情况就需要及时查找原因并解决。

正常情况下，泌乳中期的奶牛，在产后 150 天左右体重会开始增加，即进入能量正平衡阶段，为避免奶牛在饲养过程中吸收过多营养造成奶牛肥胖，养殖场需要根据奶牛的体况和产奶量的变化对日粮进行调整。通常饲料应根据奶牛的产奶量调整，即产奶量降低混合精饲料的量也相应地减少，通常在产后 150 天左右精粗饲料干物质比为 1 ∶ 1 或 9 ∶ 11 左右，干物质的采食量占奶牛体重的 3.5% 左右，日粮粗蛋白质水平也要下降到 14%。较简单的精饲料喂食量，可以按正常体况的奶牛产奶量与精饲料 3 ∶ 1 的比例投喂，但体质较差或过于肥胖的奶牛，则需要针对其情况进行科学的调整。

泌乳中期需要继续坚持日常饲养管理，包括常规的乳房按摩、刷拭等，要保证奶牛的户外运动，提供充足、干净的饮水，保证奶牛健康的同时稳产。

（二）泌乳后期的饲养管理

奶牛的泌乳后期的特点是产奶量会急剧下降，而体况则继续恢复，从产后 201 天开始到干奶阶段，奶牛的泌乳量每月会下降 5% ～ 12%，而且泌乳后期的奶牛通常也正处在妊娠期，所以在饲养管理方面不仅需要确保泌乳量下降速度有所延缓，同时需要促使奶牛恢复膘情以保证胎儿的正常生长发育。

泌乳后期对奶牛而言是非常关键的时期，虽然其产奶量下降速度较快，但经过科学合理的饲养管理，能够促进奶牛将多余的能量转化为恢复体况的能量，从而可以有效提高饲料的转化效率；同时科学合理的饲养管理能够为奶牛的下一个泌乳期奠定基础，从而为下一阶段的高产稳产奠定基础。

若奶牛在此阶段无法摄入足够营养，或无法将足够的营养转化为恢复体况的能量，就容易导致在干奶期无法完全恢复体况，从而影响下一个泌乳期的产量；而如果此阶段奶牛摄入过多营养，体况过于肥胖，也会导致产后代谢病概率增加。因此该阶段的饲养管理，一定要注意饲料的营养合理搭配，日料通常以优质干草为主，配以适当精饲料，同时要降低精饲料中过瘤胃蛋白质的含量和氨基酸的含量，控制饲料中过瘤胃脂肪含量，减少脂肪摄入量，在有效控制饲养成本的同时恢复奶牛的体况，并避免奶牛过胖。

泌乳后期需要按需配置日粮，通常精粗饲料的比例要控制在 2 ∶ 3 或者 3 ∶ 7，可以进行单独分群饲养，根据奶牛的体况、膘情进行分群，体况较差过瘦的以恢复标准体况为主要饲养方向，体况过肥的则以控制饲料营养为主要饲养方向。此阶段需要做好保胎防流产工作和妊娠期检查工作，在进入干奶期之前需统一做一次检查以便确定怀孕情况。同时因为产奶量快速下降，所以是治疗乳房炎较佳的时期，可以针对性治疗确保治愈，促使奶牛平稳进入干奶期。

四、干奶期饲养管理

干奶期指的是处于妊娠期最后 60 天的乳牛，原本从奶牛停奶到产犊前 21 天为干奶前期，产前 21 天到生产为干奶后期，现如今产前 21 天到生产归为围产前期。

（一）干奶期的饲养管理特征

干奶期主要是为了使奶牛积蓄营养和能量，同时给予身体各器官一段充分有效的休息时间，即在产犊后快速恢复正常消化机能；另外，奶牛经过整个泌乳期，乳腺组织也会受到一定损伤，如乳腺上皮细胞数量大幅下降，这也需要一定的时间进行修复和修正，干奶期不会产奶，恰好可以保证乳腺细胞重新生成，为下一个泌乳期奠定基础，以便保证奶牛产犊后能够快速过渡到泌乳期，并实现高产和稳产。

干奶期阶段的主要目的是控制产前奶牛不出现问题，并预防奶牛产后不出现问题，因此需要基本做到日料供应低钙、低钾、低钠，确保体内酸碱平衡和离子平衡。此阶段的奶牛要根据膘情和体况进行科学的分群饲养，密度不能过大，以避免奶牛拥挤造成流产，同时需要加强奶牛的户外运动和太阳照射时间，以有效预防奶牛缺钙和缺乏维生素 D。

（二）干奶技术和饲养管理

奶牛的干奶期通常依照其年龄、体况和泌乳性能而定，通常低产奶牛在临产前会自行停止产奶，而高产奶牛则通常会在临产前还有较高的产奶量，这就需要根据奶牛情况针对性采取干奶技术。

1. 干奶技术和注意事项

通常奶牛干奶期为 45 ～ 75 天，平均为 60 天，只要奶牛的干奶期在 45 天以上，就不会对下一个泌乳期的产奶量造成影响，也就是说干奶期的时间过长并非必要，只要控制在 45 ～ 75 天即可。

高产奶牛在接近干奶期时其日产奶量依旧可观，可以达到 10 ～ 30 千克，此时不论其泌乳量多少都应该果断采取措施令奶牛停止产奶，促使其进入干奶期。

饲养过程中比较常用的干奶技术是逐渐干奶法，此方法可以在 1 ～ 2 周的时间内使高产奶牛停止泌乳。一般需要先确定干奶时间，然后在预定干奶之前 1 ～ 2 周开始使用该法，具体开始时间需要根据奶牛泌乳量的多少和过去停奶难易程度来决定，通常泌乳量依旧很大、停奶较难的奶牛就需要早些开始。其原则是通过改变生活习惯来逐步抑制奶牛的泌乳活动，最终停止挤奶，实现停奶，主要涉及改变挤奶次数、改变饲喂次数和日粮成分、控制饮水、加强运动等。

首先，在确定使用逐渐干奶法后，先停止对乳房的按摩，即不再对其泌乳机能进行刺激；其次，逐渐减少精饲料的量、青绿多汁饲料的量和饮水量，同时增加干草的饲喂量；再次，逐渐减少挤奶的次数，可以将每日三次的挤奶先改为两次，再改为每日一次，然后是隔日一次；最后，每次挤奶需要确保完全挤净，对于高产奶牛最终要停喂精饲料，在日产奶量降到 4～5 千克时即可以停止挤奶。

在达到干奶日时，要将乳房擦洗干净并认真按摩，彻底挤干净乳房中的残奶，并用药液浸泡乳头，向每个乳头注入干奶油剂或干奶针等，再次浸泡乳头。完成上述操作后需要注意乳房的变化，正常情况下 2～3 天乳房会明显膨胀，若局部没有增温、没有痛感，奶牛无不安表现等，就可以不再进行后续的按摩或挤奶，奶牛可以自行将残奶逐步吸收，3～5 天后膨胀的乳房会恢复，7～10 天后乳房体积会明显变小，其内部组织也会变得松软，这意味着母牛已经停止泌乳活动，停奶成功；若停奶后出现乳房炎、乳房膨胀明显等情况，则需要及时对症治疗并继续挤奶，炎症消失后再次进行干奶。

2. 干奶期的饲养特征

干奶过程中进行了饲料减量，在停奶后 3～5 天需要重新逐渐增加饲料，再经过 3～5 天过渡到成牛饲养的饲料量，但不能增量过大。整个干奶期主要的饲养目标是保证胎儿健康发育，并维持和恢复奶牛的体况、膘情等，促使其快速恢复到理想体况，促进消化系统修整并再次恢复正常机能。

在围产前期之前的阶段，日粮要以粗饲料为主，每日干物质采食量需要控制在奶牛体重的 1.8%～2.5%，精饲料和粗饲料比例以 2：3 较为适宜。因干奶期奶牛不再泌乳，因此对营养的需求较低，所以不需要过多增加营养，即需要适当限制饲料中能量和蛋白质的含量，以青贮饲料和豆科植物为例，通常每日饲喂量不超过奶牛体重的 1%。

另外，此阶段奶牛属于体况调整期，所以要合理安排饲料中矿物质和维生素的添加，需要重视两者之间的平衡，尤其是钙磷比应保持在 3：2 左右；要避免钾含量过高的饲料投喂，食盐量可以按日粮的 1% 进行添加；需要保证脂溶性维生素的供给，如维生素 A、维生素 D 和维生素 E，可针对日粮配方进行适当调整，保证其供应。进入围产前期后，具体的饲养管理手段和青年牛类似，这里不作过多赘述。

第五章 奶牛的高效繁殖技术

第一节　奶牛的选种与选配技术

奶牛的选种与选配，就是选择较合适的公奶牛和母奶牛进行配种，以便获得符合养殖场要求和品质优良的后代，在选种与选配过程中，需要考虑公奶牛和母奶牛的体质、体型、外貌、年龄、生产性能、适应性和亲缘关系等。

一、奶牛的品种改良目标

科学的奶牛选种和选配技术，能够通过制订选配计划来不断提高奶牛的生产性能和经济利用年限，从而实现契合市场需要的奶牛改良，从遗传角度改良奶牛后裔的产乳量、乳脂率、乳蛋白率、产乳年限、乳用特性、繁殖力、饲料转化率、成活率等，从而满足奶牛养殖业和奶业生产规模化的一系列工作。

（一）选种和选配需达成的改良目标

通过选种和选配技术，即选择优良公牛和适合的母牛进行选配，对养殖场的奶牛群改良至关重要，通常奶牛的品种改良要达成以下目标。

首先，生产性能要达到初产奶牛泌乳期总产奶量达 8 000 千克以上，经产牛泌乳期总产奶量达到 10 000 千克以上。且需要牛奶质量达到一定要求，乳脂率在 3.6% 以上，乳蛋白率在 3.1% 以上。

其次，母奶牛的体型结构要达到整体呈楔形，棱角分明且后躯容积大，四肢健壮且强壮度好，体深且体尺合理，初产牛体高为 140 厘米以上。同时其适应性强，繁殖率高且耐粗饲料，没有遗传性疾病等。

最后，母奶牛的乳用特征健康且明显，主要体现为乳腺发达、乳静脉粗大弯曲、乳房前伸后延呈浴盆状、乳头大小适中、四个乳区匀称、乳流速快等。

（二）通过选种和选配技术建立核心牛群

改良目标的确立为选种和选配技术指明了方向，养殖场根据目标要求可以逐步建立起核心牛群，即为养殖场带来较大经济效益的优秀牛群。核心牛群中，成年母牛约为 80%，其余为一定比例的优秀青年牛。成年母牛中，较佳的选择比例为 60% 的 1 ～ 2 胎母牛，25% 的 3 ～ 5 胎母牛，以及15% 的 6 胎母牛。

对于核心牛群的选定，养殖场可以每年根据系谱对全场的成年牛和后备牛进行分类，然后根据选种技术对所有奶牛进行优劣分析和排队，最终选择出后备牛，实现核心牛群的延续和不断优化。

后备牛的留选，主要靠以下三个选择指标进行。

首先是系谱选择，即根据祖辈的记录情况预估其获得的各种遗传性状，具体需要考虑父亲、母亲、外祖父的育种值，尤其是产奶量性状，不能仅以母亲的产奶量的高低为标准，还需要综合考虑乳脂率、乳蛋白率等性状，并且需要父母同等考虑。同时，要满足系谱清晰、三代系谱无明显遗传疾病的条件，母亲生产性能为头胎 305 天产奶量达 7 000 千克以上，经产牛305 天产奶量达 8 000 千克以上。

其次是生长发育指标，其主要以体重和体尺为标准，犊牛需要发育正常且健康，无任何生理缺陷，初生体重达到 40 千克以上，体高 106 厘米左右；6 月龄体重达到 177 千克，体高 123 厘米左右；12 月龄体重达到 380 千克，体高 130 厘米左右；第一次配种在 15 月龄左右，体重达到 543 千克，体高139 厘米左右。

最后是体型外貌，即需要根据培育标准对不同月龄的后备牛进行外貌鉴定，将不符合标准的后备牛及时处理掉，鉴定过程中重点参考后备牛的乳用特征、乳头质地、蹄肢强弱和后躯宽窄等。

二、奶牛选种技术

奶牛选种技术就是选择种畜，即运用科学的方法选择符合繁殖要求和遗传要求的奶牛个体留作种畜，然后提高其繁殖质量来加快改进牛群的品质，从而逐步达到品种改良目标和建立核心牛群。奶牛养殖场选用种公牛的好坏直接关系到整个养殖场三年之后的核心牛群质量，也就是说，种公牛对养殖场的生产效益有较大的影响。如今，养殖场种公牛的选择方式主要有以下两种。

（一）选择验证种公牛

此方法依托的是后裔测定，这也是国际公认选择优秀种公牛的较可靠的手段，后裔测定中评价优秀种公牛的主要性状包括体型外貌、产奶量、乳脂率、乳脂量、乳蛋白量、乳蛋白率等，即通过对后裔的上述性状进行整体评分来反向选择种公牛。

通常衡量种公牛优劣的主要指标是预测传递力，即 PTA 值，其主要反映的是公牛能够传递给女儿的遗传优势值，其内容就是上述各性状的预测传递力。评定过程中，后裔性状整体评分越高，那么种公牛的 PTA 值就越高，该种公牛也就越理想。

以参与选择的种公牛后裔母牛的体型性状为基础，将各种性状所对应的预测传递力进行标准化数据记录，再通过后测柱形图来进行直观展示，就能够表示出公牛对各性状的改良能力，通过柱形图能够明确显示种公牛后裔的各部位性状，选择对应的优秀性状，来匹配同样优秀性状的母牛进行配种，能够有效避免公牛和母牛的缺陷重合。

（二）通过系谱选择青年公牛

系谱选择的主要目的是避免近交，减少隐性有害基因的重合，以有效避免有害性状的表现。通常可以通过查看青年公牛的系谱来了解公牛的血统，包括其父亲、外祖父和外曾祖父的血统，根据祖父辈的育种值和育种值可靠性来计算系谱指数。

系谱指数越高则青年公牛的优势越明显，除此之外还需要查看青年公牛半同胞姐妹的各项性状指数，包括 305 天产奶量、乳脂率、乳蛋白率、乳房指数、综合效益指数等，从而选择出半同胞姐妹生产性能较高的青年公牛。

三、奶牛选配技术

奶牛选配技术首先需要对养殖场的奶牛群进行鉴定，通过选种技术选择出具有优良遗传特性的公牛和母牛，其次是有针对性地让可以产生优势强化的公牛和母牛进行交配，以便能够得到遗传改进概率更大的理想后裔。

（一）奶牛选种与选配时需注意的问题

首先，养殖场进行奶牛选种和选配工作时要做好整个牛群的育种资料记录，了解所有选择的公牛的血统和系谱，避免近交情况的出现，这样才能有效避免后裔个体的生产性能出现下降或表现出有害性状。

其次，养殖场在进行选配时需要先确定选配改良的主要性状，尤其是母牛的缺陷较多时，必须要以最迫切要改良的性状为首选，避免一次改良多个缺陷，避免遗传改良速度降低。通过单项缺陷改良，能够有效减少牛群改良时间，且针对性强，更容易将改良效果发挥出来。

最后，养殖场在针对奶牛群体制订选配计划时，需要注意验证公牛和未验证青年公牛的使用比例，未验证的青年公牛尚未经过后裔测定，其后代的表现属于未知数，若在奶牛群体中大面积使用，很可能会产生一定的风险。

经过验证的公牛的后裔的性状表现等已经有所参考，优秀性状遗传效果稳定性更高，在奶牛群体中大面积使用时更稳妥，也能够减少问题的出现。

通常养殖场做群体选配计划时，青年公牛和验证公牛选用比例可保持在 2∶3，这样对奶牛生产的影响会较小，可以保证养殖场在稳定生产和经济效益的基础上，逐步进行牛群的品种改良，在此过程中还需要加强饲养管理和疾病防治，这样才能够培育出高产、优质、健康和可持续发展的优秀核心牛群，为养殖场的健康发展奠定基础。

（二）奶牛选配技术特征

首先，养殖场在制定奶牛选配方案之前，需要先确定养殖场的育种目标，这需要对养殖场的牛群进行仔细调查和分析，其中包括奶牛的血统系谱、使用过的历史公牛状况、成年母奶牛的生产性状和体型外貌优缺点等，并结合生产需求和养殖场发展期望，确定改良方向，通常要以改良 2～3 个性状为主要目标来确定育种目标。

其次，养殖场需要根据确定的育种目标制定对应的选配方案，并遵循以下几个原则：一是选配目标是提高优良特性、改进不良性状；二是选配方案需要考虑奶牛个体的亲和力，其主要考虑个体和种群的配合力；三是选配时要遵循公牛的生产性能和体型外貌等级高于配种的母牛的等级的原则，这样才能有效实现品种改良的目标；四是优秀的公牛和母牛采用同质选配，品质较差的母牛则采用优质选配，即选配过程中遵循公牛和母牛优势性状统一的原则，促使优势性状更加优秀，若母牛某一性状品质较差则公牛的此性状必须优秀，这样才能达到品质改良的效果；五是为青年母牛选择后代产犊更加容易的种公牛，这样能够有效降低青年母牛头胎的难产率。还要注意必须避免有相同缺陷的公牛和母牛交配，若母牛存在某类缺陷，公牛必须综合性状较好。

最后，养殖场在进行选配时要遵循一定的原则。一是需要避免近交，必须控制近交系数小于4%。二是需要根据母牛的各项性状特征来选配对应的公牛，如根据母牛乳房、蹄肢等表现差的外貌缺陷，选择具有对应外貌优势的公牛，以便达到矫正不良性状的效果；如果母牛其他性状表现有缺陷，就必须选择具有对应性状优点的种公牛进行配种。三是需要让具备相同优良性状的公牛和母牛进行选配，以此来实现巩固优秀性状的目的，针对生产性状需要遵循异质选配，即母牛某项生产性状较差，公牛就要在这项生产性状方面表现优秀，以此来改良不良性状。

第二节　奶牛的发情与配种技术

奶牛的繁殖过程是非常重要也非常复杂的生理现象，主要包括发情、配种、受精、妊娠、分娩、产后生殖能力恢复等，该过程不仅要求奶牛各器官协调配合，奶牛群体的个体间还会相互影响，同时对奶牛的生产性能有较大影响。

奶牛的发情主要受到奶牛成长过程中神经和中枢系统控制生殖激素的分泌来调节，而对应的配种技术则需要依据生殖器官的运转规律，通过人工参与和介入来代替公牛和母牛自然交配，这样一方面能够有效保证奶牛后裔的生产性能，另一方面能够有效控制奶牛的生产周期，从而实现生产性能的最大化发挥。

一、奶牛的发情

了解奶牛的发情，首先需要了解奶牛的性成熟情况。奶牛的性成熟主要指的是性器官和第二性征发育较为完善，母牛卵巢能够产生成熟卵子，交配后母牛能够受精并完成后续妊娠的阶段。母牛在性成熟之后出现的一系列周期性的生理活动现象，就是母牛的发情。

（一）奶牛的性成熟和体成熟

通常奶牛的性成熟年龄在 8 ～ 12 月龄，但此时奶牛身体尚处在生长发育阶段，还不能马上配种，还需要待奶牛体成熟后才能进行配种，以避免过早配种影响奶牛自身的生长发育和未来生产性能的发挥。

体成熟指的是奶牛的骨骼、肌肉和内脏器官等基本发育完成，并开始具备成熟后应有的形态和结构，奶牛的体成熟会晚于性成熟，一般情况下母牛体重达到成年母牛体重 70% 左右达到体成熟，这时就可以开始接受配种。

不同的奶牛品种、不同饲养管理模式、不同气候条件，以及个体发育情况等，造成其体成熟时间也有所不同，通常小型品种体成熟会早于大型品种，而饲养管理条件好的奶牛体成熟也会早于饲养管理条件差的，气候温暖地区奶牛体成熟则早于寒冷地区的奶牛。以中国荷斯坦牛为例，其体成熟年龄一般在 13 ～ 15 月龄，为满足奶牛的生产需要，通常中国荷斯坦牛配种会在 15 月龄左右完成。

（二）奶牛的发情周期和发情异常

母牛的发情特征集中出现的阶段就是母牛的发情期，而一个发情期开始到下一个发情期开始之间的阶段也被称为一个发情周期。通常母牛的发情周期平均为 21 天，不过受到外界环境条件和个体因素的影响会有一个变动幅度，如受到光照影响、温度影响、饲养管理条件影响等，奶牛的发情周期通常会在 17 ～ 25 天。

1. 奶牛发情周期的不同阶段

奶牛的发情周期共分为四个阶段，分别是发情前期、发情期、发情后期和休情期。

发情前期，指的是母牛发情的准备期，该阶段通常持续时间为 4 ～ 7天，主要表现为母牛的阴道分泌物由原本的干黏状态逐渐变得稀薄，分泌物开始增加同时生殖器官开始充血，但不会接受其他牛的爬跨。

发情期属于母牛性欲最旺盛的阶段，持续时间比较短，平均为 18 小时，整体范围在 6 ～ 36 小时，有些个别母牛的发情期持续时间较长，能够达到 48 小时，其持续的时间通常是根据母牛接受爬跨到母牛回避爬跨的过程计算。

母牛发情期的主要表现是食欲减退且精神兴奋，尾根会举起并时常哞叫，并愿意接受其他牛的爬跨，外阴部较为红肿且从阴门流出大量黏性透明液体，阴道黏膜潮红且有光泽，黏液分泌较多，若处于发情期的母牛在牛群中，常会有一些牛嗅其外阴。通常情况下母牛的发情期会较为明显，也是最主要的配种阶段，且通常母牛会在夜间排卵，配种时需根据该特征进行人工授精，这样能够有效提高受孕率。

发情后期是母牛发情现象开始消失的时期，母牛阴道分泌物开始减少，阴道黏膜的充血肿胀状态也开始消退，其性欲逐渐消失并拒绝爬跨，整个持续时间为 5～7 天。通常在发情后期的前 2～3 天时间，母牛阴道会流出血液或混血的黏液，如果出血量较少颜色正常，则对母牛的妊娠没有不良影响，但若出血量多且色泽发暗，呈现出暗红色或黑紫色，属于患有子宫疾病的症状，需要及时检查并进行治疗。

休情期也被称为间情期，此阶段由卵泡转变成的富有血管的腺体样结构的黄体开始逐渐小时，卵泡开始逐渐发育到下一周期。通常母牛的休情期会持续 6～14 天，若配种后母牛怀孕则此时期被称为怀孕期，受精的黄体发展为妊娠黄体，且奶牛会在产犊之前不再出现发情。

2. 奶牛发情异常状况

通常情况下奶牛发情的表现较为明显，但有时也会因为一些特定原因造成发情异常，主要表现为以下情况。

首先，安静发情和假发情，这是由于奶牛体内雌激素不均衡造成的。

安静发情指的是奶牛发情表现不明显甚至无表现，但母牛的卵泡依旧在排卵，通常是因为奶牛的雌激素和促卵泡素分泌不足造成的，而且发情期持续时间较短，比较常见于产后母牛、高产母牛和瘦弱母牛。因此需要格外注意，以避免遗漏母牛发情而影响配种和后续的生产。

假发情则主要表现在母牛孕期，因此也被称为孕后发情，通常会在母牛妊娠 3 个月左右时出现接受爬跨、性欲旺盛的表现，但却没有排卵现象。主要原因是小部分母牛的卵巢中依旧残存雌激素，其发挥作用后就会引发母牛假发情，若在此时配种很容易造成奶牛流产。

其次，是由于奶牛疾病造成的，表现为三类。

第一类是持久黄体，即母牛长时间不发情，卵泡形成黄体后持久存在不进入下一发育周期，通常是因为母牛子宫疾病造成的，包括子宫积水、子宫积脓等。

第二类是卵巢囊肿，主要有两种，一种是卵泡囊肿，这是由于发育中的卵泡上皮变性，卵泡壁上的结缔组织开始增生，卵细胞死亡后卵泡液被吸收而形成的，主要症状是发情周期变短且发情持续时间大幅度延长，发情的症状明显，严重时会表现强烈的发情行为；另一种是黄体囊肿，即未排卵的卵泡壁上皮发生黄体化，也可能是排卵后黄体化不足从而使黄体具备空腔而增大，主要症状是长期不发情且缺乏性欲，通过检查可发现卵巢上黄体显著增大。

第三类是断续发情，其最开始常由母牛两侧卵巢的卵泡交替发育所引发，当母牛一侧卵巢的卵泡发育时会释放雌激素从而令母牛发情，当另一侧卵巢的卵泡发育时前一卵泡发育中断，导致母牛发情中断，而随着发育过程中雌激素释放再次引发母牛发情。因交替产生雌激素所以造成母牛断续发情。

（三）奶牛发情鉴定技术

奶牛饲养过程中，使奶牛能够及时受孕、产犊，能够有效提高奶牛的泌乳期时长，从而有效增加奶牛的产奶量，要达成该目的就需要准确把控奶牛的发情期，并根据奶牛的发情期进行适时配种，而准确预测和高效把握奶牛的发情期就是奶牛发情鉴定技术，比较常用的有以下几种方法（图5-1）。

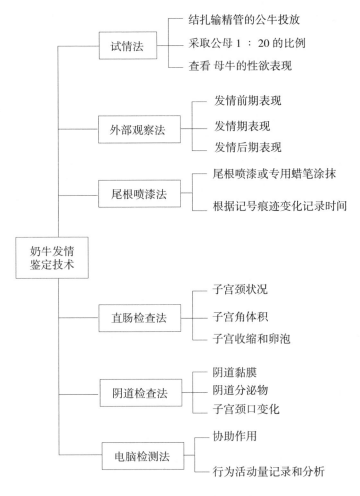

图 5-1　奶牛发情鉴定技术

1. 试情法

试情法就是将试情公牛按牛群比例放入母牛群中，通过母牛的性欲表现来判断其发情的状况，通常试情公牛选用的是结扎输精管的公牛，比例可按公母 1 ∶ 20 投放。

2. 外部观察法

外部观察法就是通过对母牛的外部表现、精神状态等进行观察，根据发情周期内母牛的外在表现特征进行匹配，以此来判断母牛的发情状况。

（1）发情前期的主要表现。发情前期母牛的外在表现为不安，精神状态较为兴奋，容易敏感且躁动，活动量明显增加，阴道中会流出透明稀薄的黏液；而未发情的母牛则对比明显，表现更为懒散。发情前期的母牛会在放牧时经常性离群并频繁走动，体型外貌变化为两耳直立、弓背、腰部凹陷、体温升高等，会习惯性闻嗅其他母牛的生殖器官，还会追赶其他母牛试图爬跨，但不会接受公牛和其他母牛的爬跨。另外，发情前期的母牛在采食量方面会有一定下降，有些发情的母牛在挤奶时会紧张，产奶量也有可能会下降，这些都可能是母牛进入发情前期的征兆。

（2）发情期的主要表现。发情期是母牛性欲最旺盛的阶段，处在此阶段的母牛最主要的表现是愿意接受其他牛的爬跨，且在被爬跨时不会移动，同时后肢叉开并举尾，阴道分泌黏液增多呈半透明状。此阶段母牛阴道分泌液会从阴门流出，所以阴门湿润且有轻度红肿，黏液分泌物会粘在牛尾，有时其臀部粪尿沟处会出现清亮黏液。

（3）发情后期的主要表现。发情后期接近排卵时，部分母牛会继续表现发情行为，但母牛不再愿意接受爬跨，其最主要的表现是有透明黏液从阴门流出，量少且黏性差，浓稠呈现为乳白色。另外不论是否配种受孕，发情结束后2天左右母牛阴门会流出带血黏液，这种表现可以帮助确定漏配的发情牛以便进行跟踪，确保下次发情能够及时进行跟踪和配种。

外部观察法需要在放牧和奶牛休息过程中进行，每次观察的时间应在20分钟以上，且每日需要观察不少于3次，同时需要注意的是被爬跨的母牛中多数是发情牛，少数是非发情牛，同时爬跨出现频率最高的时间是傍晚到凌晨阶段，夜间高白天低，所以观察时要把控好时间和节奏。

3. 尾根喷漆法

尾根喷漆法建立在对母牛发情阶段有一定数据记录的基础之上，根据实际观测的情况为符合配种条件的母牛，每天进行尾根喷漆或尾根专用蜡笔涂抹，根据喷漆或涂抹的痕迹变化，来记录发情牛的第一次稳爬时间、发情持续时间、发情结束时间等，尽量精确记录，从而有利于推算和预估输精时间，达成适时配种的要求。

4. 直肠检查法

直肠检查法是一种较为准确有效的发情鉴定方法，非常考验鉴定者的能力和经验，需要长时间的训练和实践才能够熟练掌握。

通常鉴定者需要将指甲剪短、磨光，避免有毛刺和尖锐突起，之后手臂涂抹润滑剂，先抚摸奶牛肛门然后手指并拢为锥形以缓慢旋转的方式伸入肛门掏出粪便，再将手伸入肛门手掌展平并且掌心向下，按压抚摸，可在奶牛骨盆腔底部摸到长圆形质地较硬的棒状物，即为子宫颈。之后沿子宫颈向前摸即可摸到一个浅沟，为角间沟，其两旁是向前向下延伸并弯曲的子宫角，沿子宫角大弯向下稍外侧能摸到卵巢，鉴定者需要用手指检查子宫角的性状和大小，以及其反应和卵泡的发育情况，从而以此判断母牛的发情状况。

发情母牛的子宫颈因为黏膜水肿所以较软且稍大，子宫角体积也较大，子宫收缩反应明显，卵巢上的卵泡突出且光滑，触摸时略有波动，发育最大时直径为 1.8 ～ 2.5 厘米；不发情的母牛子宫颈硬且细，子宫较为松弛，收缩反应也较差。

5. 阴道检查法

阴道检查法主要是通过阴道开张器来观察母牛阴道黏膜、阴道分泌物和子宫颈口的变化，以此来判断母牛是否发情。

不发情的母牛阴道黏膜不充血，显得干燥苍白，子宫颈口紧闭且无黏液流出。发情母牛的阴道黏膜充血潮红，且表面湿润光滑，子宫颈外口松弛、柔软、充血、开张，会排出大量透明的黏液，带有纤维性不易折断，黏液开始较为稀薄，但会随着发情时间推移变黏稠，量也会逐渐增多，发情后期则黏液再次逐渐变少，颜色不再透明且黏性较差，有时候会含有微量血液或淡黄色细胞碎屑。

6. 电脑检测法

电脑检测法是通过给奶牛加装行为检测仪来采集奶牛的行为活动量，根据计算机管理信息系统对数据进行检测来实现对奶牛发情和奶牛健康状况的掌握，通常只能作为协助，无法完全依靠行为活动量的数据分析来确定准确的发情状况和发情时间。

在运用奶牛发情鉴定技术过程中，需要注意一些相关事项，通常要在奶牛产犊后 30 天开始进行发情观察和记录，每天观察不得少于 3 ～ 4 次，并尽可能详尽地记录发情奶牛的第一次爬跨时间、发情结束时间、发情持续时间等，这有助于推算较为准确的输精时间从而适时配种；发情奶牛静卧休息时可以对其阴道分泌物进行检查并记录，包括是否干净、是否清亮、有无絮状物等；要将所有备案奶牛的发情期记录清楚，这有助于后续奶牛发情期的推算和体况分析。

对于超过 14 月龄的青年母牛，若尚未见到初次发情需要对其进行营养学分析和产科检查，以便及时找到原因进行解决；对于产后 55 天未发情的母牛、间情期超过 40 天的奶牛、妊娠期检查发现无妊娠反应的奶牛，都需要及时做产科检查，必要时运用特定方法进行解决；对于配种 2 次以上却未怀孕的奶牛，在配种后要实行 24 小时跟踪观察，必要时再次进行补配，每天观察发情奶牛并记录时需要同时对流产奶牛进行检查和记录；对于出现异常发情的奶牛以及授精两个发情周期以上却未出现妊娠反应的奶牛，要进行直肠检查并详细记录子宫和卵巢情况，以便及时发现问题对症治疗。

上述所有检查都应该记录在案，以作为养殖场繁育过程中的档案数据，同时能够成为后续进行选种和选配的依据，能够有效推动养殖场培养和建立核心牛群，实现高效可持续发展的目标。

二、奶牛配种技术

奶牛配种的前提是准确掌握母牛的发情状况，母牛的发情持续时间较短，若不注意观察就容易漏配，从而影响养殖场的生产和效益。通常情况下，奶牛产后 60 ～ 90 天是较适宜的配种时期，受胎率较高，平均受胎率为 52.5% 以上，少数奶牛子宫复原早且体况良好的母牛也可在产后 40 ～ 60 天配种。

奶牛配种技术主要是人工输精，根据其模式不同可以分为人工授精技术和同期发情—定时输精技术。

（一）人工授精技术

人工授精技术简单来说就是利用专业器械采取适宜的种公牛精液，经过品质检查和对应处理后，在母牛适配时间用器械将精液输送到其生殖道内使其受孕，这是一种代替公牛和母牛自然交配的繁殖方法，也是养殖场常用的繁殖方法。

1. 奶牛受胎率情况

人工授精技术较大的难点就是如何准确把握母牛的发情时间，并推算出适配时间进行输精。母牛的发情持续期大约为 20 小时，发情开始后 24 ～ 32 小时左右卵巢会排卵，总体而言就是母牛发情旺期结束后 10 ～ 14 小时会排卵，若卵子排出未受精则只能在母牛生殖道内存活 6 ～ 12 小时，精子置入其生殖道内仅可以存活 30 小时，因此，在卵泡达到成熟、接近排卵，或者排卵后一定时间进行输精配种受胎率较高，最高阶段是奶牛卵子排出前 1 小时到排卵后 3 小时。

因此在奶牛配种过程中，发现发情母牛就要及时检查其卵泡发育程度，外部表现为发情末期或发情刚停止时就可以适时配种，从行为而言，若母牛早晨接受爬跨，则应在当日下午输精配种；若次日早晨母牛仍然接受爬跨，则可以再输精一次；若母牛下午或傍晚接受爬跨，则可以在次日早晨输精配种；若母牛发情时间延长，在输精配种后可间隔 8 ～ 12 小时再复配一次。上述模式均可以有效提高受胎率。

2. 人工授精的方法

具体的人工授精的方法有两种，一种是开张器输精，一种是直肠把握输精。

开张器输精就是借助开张器将母牛阴道扩大，依托于光源找到子宫颈外口，将输精管插入子宫颈 1 ～ 2 厘米处注射精液，之后取出各工具。虽方法简单易掌握，但通常输精部位较浅且易感染，受胎率较低，奶牛养殖场使用较少。

直肠把握输精则是较为普遍使用的一种人工授精方法，具有用具简单且不易感染、精液输送部位深、受胎率高的优势，普遍比开张器输精的受胎率高 10% ～ 20%。具体的方式和前面提到的奶牛发情鉴定技术中的直肠检查法类似。通过直肠找到子宫颈后，握住子宫颈的外口端将其与小指形成环口持平，用伸入直肠的手臂压开阴门裂，另一只手将输精器先斜上插入阴门再转成水平，两手臂协同配合令输精器越过子宫颈内侧褶皱，输精完毕后要缓缓拉出输精器。

母牛受胎率除受到输精手法、发情鉴定准确性的影响，还受到精液质量的影响，若精液质量较高且发情鉴定准确，一次输精即可得到较高受胎率，但因为母牛发情排卵时间存在个体差异，因此可以再次输精，但普遍控制 1 ～ 2 次即可，不能盲目增加次数。

3. 人工授精的操作步骤

人工授精具体的操作步骤是先找到配种母牛并将其保定，带温度计的解冻盒调整水温在 35 ～ 37℃，自液氮中用镊子在 10 秒钟内取出所需细管精液并将剩余精液再次放入液氮，甩两下细管再将其放入解冻盒中，解冻30 ～ 45 秒后取出检查其中精子活力，活力达到 0.3 以上方可使用。

将细管上的水擦净后剪开封条将精液装入输精器中，之后进行直肠把握输精，最后抽出输精器观察奶牛情况。

奶牛无不良反应，输精器套管口无血迹即输精成功，之后需要持续观察配种后的母牛，输精 3 周后无发情表现则进行妊娠诊断，持续观察到输精 6 周，若此过程中出现返情则及时再次输精，最后一次输精后 6 ~ 8 周无发情表现则进行妊娠诊断。

（二）同期发情—定时输精技术

在自然状态下，母牛的发情通常是随机的，同期发情—定时输精技术就是利用药物激素来对一群母牛进行处理，从而有意识地将母牛群的个体分散发情周期调整为一定时间内群体集中且统一发情，之后进行统一集中配种的技术，同期发情其实只属于表面现象，最终的目的是实现同期排卵。

具体的技术手段是通过人为控制母牛卵巢上黄体的消长，从而逐步将母牛的排卵期调整到统一时间段。通常奶牛卵巢黄体会分泌一种孕激素，抑制卵泡的发育，只有黄体消退从而使奶牛血液中孕激素水平降低后，新卵泡才有机会发育成熟，从而最终排卵，奶牛才会发情，这种情况下控制奶牛卵巢上黄体的消长就成为该技术的关键所在。

较为常用的同期发情—定时输精技术所使用的药物是前列腺素（PG），还有促进性腺激素释放的激素药物（GnRH），比较广泛应用的技术操作程序是先使用 GnRH，然后使用 PG，再使用 GnRH，最终达到母牛群同期发情的目标。具体技术需要根据牛群的特点制定不同的方案，如对于产后未配种的泌乳牛，通常需要在其产后 15 ~ 21 天、33 ~ 39 天和 47 ~ 53 天三个阶段进行肌内注射 PG，当泌乳牛发情时已经达到产后 50 天，子宫已恢复正常状态即可进行配种；若三针注射 PG 完成，11 天后（产后 58 ~ 64 天）依旧未发情，则再次注射 GnRH，7 天内发情则可进行配种，若 7 天后仍未发情则在上午 8 点进行肌内注射 PG，若 2.5 天后仍未发情则进行下午 4 点肌内注射 GnRH，在 16 小时后直接在上午 8 点进行定时配种即可。

第三节　母牛的妊娠诊断与分娩技术

母牛配种后，为确认奶牛怀孕以及母体和胎儿状态就需要运用到具体的妊娠诊断技术，另外在妊娠期逐渐结束后，还需要掌握对应的分娩技术，以确保母牛能够无危险地产下犊牛并快速恢复，以便实现生产性能的最大化发挥。

一、母牛妊娠诊断技术

母牛妊娠诊断的方法较多，可以将这些方法分为三类，一是简单直白的诊断方法，但通常仅作为参考，准确率较差；二是使用科技手段进行诊断，较为复杂且投入成本较大；三是养殖场较常用也较可信的方法，方便且准确率高，只是需要诊断者具备较为丰富的经验。

（一）参考类诊断方法

参考类诊断方法主要包括外部观察法和阴道检查法两种。

外部观察法主要是通过观察母牛的行为变化和外部表现来判断其是否妊娠，其中较主要的表现就是妊娠母牛的发情会停止，食欲逐渐增强且性情变得温顺，行动较为缓慢，被毛光泽度更高；到妊娠 5 个月左右腹部会出现不对称现象，右侧腹壁会向外突出；妊娠 8 个月在右侧腹壁则能够观察到胎动。

外部观察法需要妊娠中后期才可以看到明显的变化，前期则主要观察输精后的母牛在 60 ～ 90 天是否发情，并通过牛群中牛的不发情率来估算牛群的受胎情况，虽然实用但并非特别准确。

阴道检查法则是通过观察母牛阴道的生理变化来作为判断母牛是否妊娠的参考。通常母牛妊娠 3 周后阴道黏膜会从粉红色变为苍白色，且无光泽、表面干燥，阴道会收缩变紧；妊娠 1.5 ～ 2 个月时子宫颈口会出现较少的黏液，3 ～ 4 个月时子宫颈口的黏液量会增加，呈现出灰黄色或灰白色糊状，6 个月后子宫颈口的黏液会变得稀薄且透明。

妊娠后母牛的子宫颈会紧闭，且子宫颈的位置会随着妊娠期推移向前向下移动，同时有子宫栓存在，而且子宫栓会在妊娠过程中出现更替，由奶牛子宫颈口分泌的黏液排出。在进行阴道检查时需要注意做好消毒工作，且需要注意个体差异，有些尚未怀孕的母牛，黄体长久存在时也会出现类似妊娠期的阴道生理变化，而怀孕的母牛也可能因为阴道或子宫颈病理性变化，从而干扰阴道检查法的最终判断，所以只能作为参考。

（二）借用科技手段的诊断方法

借用科技手段的诊断方法主要有两种，一种是免疫学诊断法，另一种是超声波诊断法。

免疫学诊断法是根据母牛怀孕后期母体组织、胎盘和胚胎中产生的某些化学物质的规律性变化，以及这些物质所产生的抗原性来判断其是否进入妊娠期以及妊娠期阶段。通常抗原抗体反应可以通过两种方法检测，一是利用荧光燃料和同位素标记，在显微镜下进行观察来判断；二是利用抗原抗体结合后产生的物质性状来判断，包括凝聚反应、沉淀反应等。但通常此方法需要借助较为先进的仪器和较为复杂的手段。

超声波诊断法是利用超声波的物理特性，通过超声波传播过程中碰到母牛子宫的不同组织结构呈现出不同反射状态，来进行具体的妊娠判断，也就是人们常说的 B 超。通常配种 24 天后通过 B 超就能够检测到胎儿，但使用超声波仪器进行诊断的相对成本较高。

（三）直肠检查法

直肠检查法是较为常用、较为方便，同时较为准确可信的妊娠判断方法，其主要是根据妊娠期不同阶段母牛生殖器官的对应变化来确认其妊娠状态。妊娠初期，主要表现为卵巢黄体状态和子宫角的形状、质地的变化，通常是以配种后 30 天后胎泡大小来判断妊娠情况，初期胎泡形成，中后期胎泡会下沉入腹部，位置会出现一定变化。

母牛妊娠 20～25 天排卵侧的卵巢会有突出表面的妊娠黄体存在，卵巢的体积会大于另一侧，不过子宫角没有明显变化，角尖沟也非常明显；妊娠 30 天两侧子宫角开始不对称，孕角会有波动感且弯曲度变小、变粗；妊娠 60 天左右孕角会更粗，能够达到空角的 2 倍，角尖沟也会变平，子宫角则进入腹腔；妊娠 90 天左右角尖沟会消失，子宫会沉入腹腔，孕角更大宛若足球，波动感强烈，同时空角会增粗；妊娠 120 天左右，胎儿和子宫会完全沉入腹腔，子宫颈会越过耻骨前边缘，能够摸到子宫背侧的如蚕豆大小的子叶，能够摸到胎儿，触摸胎儿会出现反射性胎动；妊娠后期能够触摸到胎儿的各个部位。

直肠检查法虽然较为准确，但有时也会因为母牛个体的子宫炎症等造成误判，如子宫炎会造成子宫积水或积脓，从而造成一侧子宫膨大重量增加，甚至会出现子宫下沉等反应，类似于妊娠反应，因此需要进行仔细触摸才能做到准确判断。因此，诊断者可以结合各种妊娠症状，包括胎泡的大小、子叶的大小、子宫脉动反应、黄体变化等综合判断，以使结果更加精准。

二、母牛分娩技术

母牛分娩首先需要进行较为准确的预产期推算，其次是做好临产牛的产前检查和各种临产设备准备，再次是根据母牛的分娩前兆做好人员准备，最后是进行接产或助产。

（一）预产期推算

以养殖场较常见的中国荷斯坦牛为例，其妊娠期平均为 278 天，不过不同奶牛妊娠期也有些许波动，通常是 275～282 天。具体预产期的推算，一般是通过配种月份减去 3，然后配种日数加 7，以每月 30 天来进行大概的推算。在进行预产期推算时，预产月份不够减 3 的需要向后延 12 个月，若够减则直接得出明年的预产月份；预产日若加 7 后超过 30 天，则向后延 1 个月，从而得出具体的预产期。例如，一头母牛在 2020 年 3 月 4 日配种，预产月份就是 3+12-3，即为 12 月，具体预产日则是 4+7，即为 11 日，具体的预产期就是 2020 年 12 月 11 日。

（二）临产牛检查和设备准备

临近预产期推算日时，需要对临产牛进行必要的检查，通常需要检查以下内容：一是对母牛自身的检查，包括其精神状态、粪便性状、胃肠蠕动、体温和酮体监测等，以及乳腺发育情况，包括有无乳腺炎、有无乳腺水肿、有无漏奶等，若出现临产前漏奶通常其产后初乳的免疫球蛋白质含量会比较低，将不适宜喂养犊牛；二是对产道和胎儿进行检查，包括骨盆腔大小、骨盆腔形状、子宫有无扭转等，还包括胎儿的位置、大小、姿势、方向，是否有死胎和双胎等。上述检查内容需要进行详细记录，同时需要对其进行密切观察，对分娩预兆进行主动关注。

在奶牛临近生产时还需要对基本设备进行准备，包括待产区的布置，需要做到严格消毒、产床铺好锯末或软草，产床要保持干燥、舒适、干净，整个产房需要通风良好且无异味；准备两桶消毒溶液，一桶用以清洗临产牛的外阴和肛门，通常为 1% 的高锰酸钾消毒溶液，一桶用以为助产者手臂消毒，同时准备对应的产科器具，消毒液通常为 0.1% 的新洁尔灭消毒溶液，产科器具包括线锯、助产绳链等，并做好浸泡消毒工作。另外，需要准备好助产所需的长臂乳胶手套和清洁消毒的润滑剂等；准备好专用消毒桶以存放胎衣，便于快速清理和消毒。

（三）分娩前兆和人员准备

临产奶牛在分娩前会有一定的反应，需要工作人员密切观察和监测，通常母牛出现频频排尿、起卧不安、不时回头看向尾部等，就说明产期将近，工作人员需要通知接产和助产人员进行准备。

接产和助产人员需要先穿好胶鞋并戴好手套，用消毒液对手臂进行消毒，并用消毒液对母牛的会阴、乳腺进行消毒，同时犊牛需要喂养储备初乳的需要在接产前1小时将所需初乳进行解冻。

（四）接产或助产

接产和助产都需要安静的环境。接产的目的是随时观察母牛的分娩过程，尽量使其能够自然分娩，这时不要干扰母牛，待母牛自然阵痛2小时左右胎儿就会顺利产出。助产是在临产奶牛出现一定情况时辅助奶牛生产的方式，若临产奶牛胎儿羊水破裂2～3小时仍无法自然分娩，或羊膜囊露出母牛阴门30分钟不见胎儿蹄肢出现，或羊膜囊已经突出、其中的黄褐色液体从阴道流出，或产牛努力30分钟仍未发现胎犊露出、胎犊头部露出但嘴唇或舌头发紫、蹄肢露出又退缩回去，或胎犊蹄肢仅有一只露出、两只露出却朝上、三四只均露出但头未出时，就需要接产和助产人员及时参与，避免犊牛窒息和母牛出现危险。

助产人员在辅助奶牛分娩时，需要遵循以下流程。

一是严格认真地对奶牛外阴、肛门、躯体周围区域进行清洁和消毒。

二是摸清楚分娩奶牛的胎位，在确认胎儿位置无异常后才能继续，若胎位异常需要先对胎儿进行位置校对，以避免胎位不对造成母牛产道损伤或子宫拉伤等。

三是要科学合理进行助产，助产器需要和奶牛产道保持统一水平线，若胎儿位置正确需要随着母牛用力向外向下压着拉动犊牛，但不能硬性拉扯；犊牛头部出来后要给予母牛一定的休息时间，若犊牛胸部已出就需要顺势慢慢将整个犊牛拉出。若母牛是倒产，可随着母牛用力方向顺势将犊牛后腿拉出，若臀部出来后就要不停顿地慢慢将犊牛拉出母牛体外，以避免犊牛窒息。

　　四是犊牛生出后要立刻清理其口腔和鼻腔，剪断脐带并消毒；母牛分娩后需要立刻将其驱赶起来注射催产素，这样能够有效促进子宫复位并减少出血，在防止子宫脱出的同时能够促使母牛排出恶露；若无法将胎儿的体位顺为正位，导致胎儿无法娩出，就需要组织兽医进行剖宫产。

第六章

奶牛的保健管理与疾病防治

第一节　奶牛养殖场的卫生和防疫管理

奶牛养殖场要想保证奶牛的健康生长与高效生产，就必须做好奶牛场的卫生和防疫管理，也只有养殖场卫生环境良好、无疫病传播，才能够确保奶牛的正常生产。

一、奶牛养殖场的卫生管理

奶牛养殖场的环境卫生不仅与养殖场各方人员有关，还与养殖场所涉及的各种设施、设备维护、药物购进和使用息息相关。

（一）奶牛养殖场卫生管理的内容

奶牛养殖场的卫生管理涉及方方面面，其中较为主要的内容如图 6-1所示。

首先，要确保养殖场相关人员必须身心健康，包括饲养员、挤奶人员、各工作人员等必须每年进行健康体检，获取健康合格证后方能上岗，不得患有肺结核、肝炎、布鲁氏菌病等传染病和人畜共患疾病，以避免造成牛群范围性疾病。相关人员的工作服装、用具等均需要经常清洗并消毒，其活动场所（更衣室、淋浴室和厕所等）也需要日常定时清扫和常规消毒。

其次，对养殖场的各个部分进行日常清扫和消毒，以及定期清除杂草和除虫灭害，包括清理牛舍、食槽和水槽、养殖场各部分地面、墙壁等，粪污等需要严格按环保要求进行集中处理。

再次，严格控制各种药液和药剂的使用，一是药液和药剂的来源需要严格把控，必须从正规渠道购进，且需要向供货单位索取对应的生产许可证件、药物经营许可证件、营业执照等，确保其药物合法合规且质量有所保证；二是保管和存放药物需要严格遵循特定条件，过期药物需要及时进行更换和处理，尽量分批分期储存，先使用接近保质期的药物；三是必须严格按兽药管理法规和质量标准使用各种药物，并建立奶牛免疫记录、治疗记录以及各奶牛的用药记录，以便查阅；四是使用药物时要坚持预防为主、治疗为辅的原则，要在兽医指导下规范用药，避免私自用药，并做好用药记录且遵守药物休药期规定。

最后，奶牛养殖场通常范围较广、奶牛众多、工作人员较多，其中的各种设施、设备等都有可能损坏、老化，尤其是奶牛养殖场的消毒设施更为重要，其属于隔离生产区与外界、生活区、粪污区的主要设施，是养殖场卫生管理中较为关键的部分，因此必须确保其正常的消毒作业。

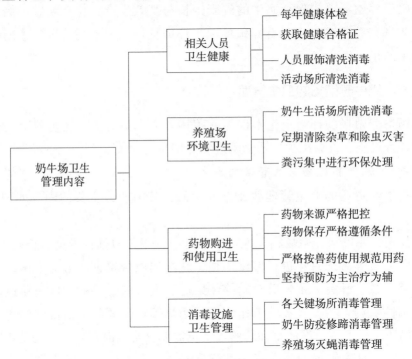

图6-1 奶牛养殖场的卫生管理内容

（二）奶牛养殖场的卫生消毒管理

养殖场的卫生消毒管理是保证其环境卫生、减少疫病发生的关键，主要涉及下面几个部分。

1. 养殖场各场所的消毒管理

奶牛养殖场分为多个区域，每个区域需要拥有匹配且规范的消毒设施，尤其是涉及奶牛生活和生产的各区域，其中主要的消毒管理包括以下几项。

（1）入场的消毒管理。在养殖场入口处的一侧必须设立对应的消毒间，其中需要配备紫外线灯和消毒槽，外侧需设置消毒池，规格需要满足大型货车的车轮能够滚动一周，消毒池深度要达到 15 厘米以上。消毒槽和消毒池内的消毒剂通常使用 2% 烧碱溶液，整个消毒间需要每日更换两次消毒液，同时对消毒槽和消毒池进行清洁和打扫。

入场处的消毒管理主要涉及车辆和人员，车辆消毒不仅需要通过消毒池对车轮消毒，还需要对车身、驾驶室等处进行对应的消毒处理，车轮消毒仅靠消毒池并不完善，还需要按以里向外的原则对内外两个侧面进行消毒；车身消毒需要按照从前向后、从左到右、从上到下的顺序；驾驶室的消毒通常需要运用手提喷雾器，其中存储 3% 过氧乙酸消毒液，消毒人员使用喷雾器对驾驶室进行雾化消毒。

人员的消毒则是各进入养殖场的人员、车辆驾驶员和随车人员需要经过消毒间消毒，紫外线照射消毒 3～5 分钟、消毒洗手液进行手部消毒、消毒槽内消毒垫上完成鞋底消毒，之后方能进入养殖场的生活管理区（不得进入涉及奶牛生产生活的关键场所）；本养殖场人员从外部进入同样需要进行手部消毒，然后更换工作服，穿胶靴，过消毒池后方能进入饲养生产区。

（2）奶牛舍的消毒管理。对牛舍进行消毒管理是防控疾病和保证奶牛生产性能、牛奶质量的关键手段，其主要涉及三个关键场所。

第一，饲喂通道。该通道的主要作用是车辆和饲养人员为奶牛投喂饲料。该通道每天都需要进行消毒处理，通常采用汽油喷雾器进行喷雾消毒，消毒液主要使用 3% 福尔马林溶液、1% 高锰酸钾溶液、过氧乙酸、聚维酮碘稀释液、癸甲溴铵等，需要每隔半个月更换一次消毒剂，这样能够有效保证消毒效用，消毒过程中要求消毒液能够覆盖整个饲喂通道的所有表面。

第二，牛舍门前的下水道。下水道通常是滋生各种细菌、积累杂物和最易被污染的区域，其位置通常处在水平面最低处，对其进行消毒处理需要在最低处铺撒生石灰，保证生石灰能够全面覆盖，且每半个月更换一次生石灰，以保证消毒效果。

第三，牛床和粪道的消毒。不论是牛床还是粪道，都需要在奶牛离开牛舍时进行消毒，牛床消毒需要先进行翻耕、清粪，每周消毒两次，确保奶牛回到牛舍前将牛床翻耕疏松，并保持其干燥；粪道的消毒同样需要先进行清粪处理，再使用消毒液进行全面消毒，每周也需要进行两次消毒。

（3）养殖场内道路、奶牛运动场的消毒管理。养殖场内的道路主要是供车辆和人员行走，因人多车杂，所以每天都需要消毒一次，多数采用过氧乙酸或癸甲溴铵消毒剂，可以使用日常消毒车喷洒消毒，在经过牛舍粪污处理区域的道路时，需要先将道路清理干净，避免粪污粘在车轮，同时消毒车需要适当放慢车速，以便延长消毒的时间和提高消毒剂喷洒的浓度，确保消毒效果；奶牛运动场主要是奶牛运动和活动的场所，为避免疾病和污物传播，也需要每日消毒一次，消毒前需对运动场进行翻耕并清理粪污，然后使用汽油喷雾器，消毒液可与牛舍消毒液相同，也可以与牛舍消毒一起进行。

（4）挤奶厅的消毒管理。挤奶厅是事关泌乳牛健康和保证牛奶品质的关键场所，因此对其的消毒管理非常重要。

首先，对挤奶厅的场所消毒。按照挤奶通道、待挤厅、挤奶坑道的顺序，每日进行3次消毒，消毒剂选择过氧乙酸、过氧化氢或癸甲溴铵等消毒剂，小挤奶厅可以按相同规格执行，每日消毒2次。消毒过程中需要将挤奶厅所有的墙面、挤奶台墙面、挤奶坑道的墙面等进行全面彻底地消毒，消毒通常在交接班时进行，由交接班的人员进行检查并签字确认。

其次，对挤奶工具和泌乳牛的消毒。在挤奶之前和挤奶之后都需要对泌乳牛的乳房进行药浴消毒，每头牛也需要配备一套挤奶杯，挤完奶后将挤奶杯及时用消毒剂进行浸泡消毒；挤奶管则需要使用酸碱液冲刷清洗，之后再进行消毒剂消毒，消毒剂可使用过氧化氢或癸甲溴铵等药剂。

（5）奶牛产房的消毒管理。产房事关奶牛的繁殖安全与卫生，因此需要每天消毒2次，场所以过氧乙酸或癸甲溴铵等消毒剂进行消毒。通常母牛在产前8～10天需转移到产房，进入前对产房进行消毒处理后，还需要将母牛的身体刷洗干净；临产之前，需要用1%的高锰酸钾溶液或来苏尔稀释液为母牛的后躯、乳房和外阴进行消毒处理，以确保产犊卫生安全；母牛产犊后，需要用温水先将血污洗净，之后用临产前所用相同消毒液对母牛的阴门和乳房进行喷雾消毒。

2. 奶牛疫苗接种和修蹄中的消毒管理

奶牛疫苗接种是为了使奶牛获得抵抗某一特定病原或与疫苗相似病原的免疫力，从而能够对特定病原或相似病原所引发的疾病有较强的抵抗力。奶牛养殖场为奶牛进行疫苗接种，需要坚持一牛一针的原则，并在注射前对注射器、针头进行高温灭菌处理，按剂量和接种标准接种后，使用过的针头要再次进行高温灭菌处理，并对已用疫苗瓶按规定进行销毁。一定要避免接种注射器和针头的多牛重复使用。

奶牛的蹄角质会不断生长，又因为奶牛的排泄特性，牛蹄上会不断踩踏粪尿等污物，为了减少奶牛因为污染物造成各种蹄肢疾病，以及为感染蹄肢疾病的奶牛进行治疗，就需要为奶牛的牛蹄进行修整和消毒。首先，需要用清水对牛蹄进行冲洗，并对发病牛蹄进行洗刷消毒或浴蹄，通常使用菌毒灭稀释液或苯扎溴铵消毒液等消毒；其次，对需要修蹄的牛蹄进行修整，然后用碘酒涂擦修过的蹄面，或使用牛蹄专用喷雾消毒剂对蹄面进行喷雾消毒处理。

3. 养殖场的灭蝇消毒管理

苍蝇具有较强的生存能力和较高的繁殖率，虽然生命周期较短，仅为30～60天，但其世代周期短，且雌蝇一次产卵较多，一生能够产卵数次，蝇卵能够在24小时内迅速孵化并在3天后进入蛹的阶段，再经历3天则能够发育为成蝇，所以很容易出现数量快速飙升的现象。

苍蝇较易在垃圾堆、粪污、杂草堆、污水沟等阴暗潮湿和肮脏的地方滋生与繁殖，且生长繁殖受温度和湿度影响较大，其较适宜生存的温度为16～35℃，蝇卵则通常会在潮湿腐烂的有机物上生长发育。

苍蝇一只脚能够携带80万～150万个细菌，全身能够携带3 000万～5亿个细菌，且其携带的细菌与病毒种类繁多，能够达到60种左右，这些细菌和病毒很容易在牛群中传播各种疾病，包括奶牛附红细胞体病、奶牛隐孢子虫病等寄生虫性疾病，还包括牛流行热、布鲁氏菌病等细菌性疾病，这些寄生虫、细菌和病毒还会不断吸取奶牛的营养，从而影响奶牛的生长和生产，也会对牛奶的质量产生影响。为了避免对养殖场造成影响和损失，就需要进行对应的灭蝇消毒处理，具体需要从两个角度着手。

（1）保持外部环境卫生。首先，需要做好养殖场的彻底清理工作，每年三月需要对养殖场进行全面且彻底的大扫除，清理掉养殖场各个区域的垃圾、杂物、粪污等，包括死角、水沟、场区外围等，同时对食槽、水槽等进行彻底洗刷，并以4%的氢氧化钠溶液进行彻底消毒，这之后要坚持每周一次彻底消毒、每三天进行一次小的消毒，从根源上治理蚊蝇滋生的环境。其次，需要做好养殖场的日常清理工作，如食槽每天清理一次，以防止饲料霉变的发生，偶尔发现霉变饲料需要及时进行清理；定期清理养殖场周围的杂草和养殖场内的杂草、垫料和剩料等，并对门窗、天花板、墙面、料位、饲料桶、饮水器等各种苍蝇有可能栖身之处用药剂喷施预防；做好养殖场污水处理和利用，要设法将粪污水排出避免堆积，排水沟需要定期疏通并确保畅通，青贮窖出水口则需要在做窖时进行检查确保畅通；犊牛在进入犊牛岛前，需要对犊牛岛进行彻底清洗和消毒，即使长时间不用也需要进行彻底消毒；产房必须每周至少消毒2次，确保血污、垫草等干净干燥；对养殖场的奶库、食堂、宿舍等则需要用简洁的粘蝇条进行防蝇。最后，需要做好养殖场粪污的处理，尤其是牛舍和挤奶厅等处的牛粪需要完成日常清理，且及时堆积到粪污处理池进行特定处理，运输过程中还需要及时对粪污车辆、残留粪污等进行仔细清除。

（2）开展灭蝇消毒工作。首先，在养殖场牛舍周围大面积种植可以防蝇杀蝇的植被，如夹竹桃、石竹、苦参、鱼藤、曼陀罗、柿树等中草药植物，能够达到一定的驱蝇防蝇效果，这样不仅可以美化环境，还能够提高牛奶质量，从而达到生物防蝇效果。其次，在春季抓住有利时机做好灭蝇工作，春季通常是蚊蝇滋生的重要时期，因此在春季温度逐渐上升的时候定期对易滋生蚊蝇的场所进行一周一次的药物喷洒，包括粪污处理区、牛粪堆场、挤奶大厅、粪道和排污道等，将蚊蝇灭杀在滋生初期，能够有效降低后期蚊蝇的基数。

二、奶牛养殖场的防疫管理

奶牛养殖场的防疫是整个养殖场长期紧抓且持之以恒的工作，只有通过实施科学有效的防疫计划，才能够充分提高奶牛的免疫功能，从而消除病原或降低病原量，减少病原体在牛群中的传播，使奶牛传染病、寄生虫病的发生率降低，以及将治疗费用和养殖场病患损失降到最低。

（一）养殖场的防疫原则和方针

《中华人民共和国动物防疫法》根据动物疫病对人体健康、养殖业生产的危害程度，明确将动物疫病分为了三类：一类疫病，是指口蹄疫、非洲猪瘟、高致病性禽流感等对人、动物构成特别严重危害，可能造成重大经济损失和社会影响，需要采取紧急、严厉的强制预防、控制等措施的；二类疫病，是指狂犬病、布鲁氏菌病、草鱼出血病等对人、动物构成严重危害，可能造成较大经济损失和社会影响，需要采取严格预防、控制等措施的；三类疫病，是指大肠杆菌病、禽结核病、鳖腮腺炎病等常见多发，对人、动物构成危害，可能造成一定程度的经济损失和社会影响，需要及时预防、控制的。

针对奶牛饲养而言，一类疫病主要是口蹄疫，在预防方面需要强制免疫并采取消毒措施，若发生疫病需要对整个疫区进行封锁，并对染疫病动物及同群动物实施扑杀，所有污染物进行销毁，周边一定范围需进行紧急免疫接种；二类疫病主要是布鲁氏菌病、炭疽病、牛结核病、副结核病等，通常动物出现疫病不会采取封锁措施，对同群动物也不会直接扑杀，对污染物需要进行无害化处理；三类疫病主要是大肠杆菌病、放线菌病、丝虫病、牛流行热、牛病毒性腹泻等常见多发疫病，发生疫病后以病牛隔离、治疗为主，以便实现疫病净化。

任何奶牛养殖场都需要树立起现代防疫理念，要坚持预防为主的防疫方针，坚持"管重于养、养重于防、防重于治、综合防控"的原则，以现代化科技手段实施防控，尽可能保障奶牛身心健康，并提高繁殖力和产奶量，充分挖掘和发挥奶牛的生产性能，减少奶牛的淘汰率和治疗费用，从而有效提高经济效益。[①]

（二）抓好养殖场的防疫管理

奶牛养殖场的防疫管理需要从三个角度着手。

首先，加强强化防疫意识管理，即要提高全体员工的防疫自觉性和主动性，普及防疫知识并强化部署，养殖场的设施和管理需要符合防疫规范，并加强养殖场兽医的工作和管理，每日必须查槽，有异常情况需及时上报。同时要做好养殖场各种业务记录，包括生产记录（奶牛系谱、饲料使用、兽药使用、配种产犊、产奶量、乳脂率、乳蛋白率等）、兽医诊疗记录（奶牛健康检查、奶牛疾病诊疗等）、病牛记录（淘汰牛记录和处理、患病奶牛的诊疗记录和处理、死亡奶牛的无害化处理记录等）、疫病监测记录（日常疫情巡查记录、免疫抗体检测记录、两病检疫记录等）、免疫记录（养殖场基本信息记录、畜种数量和免疫日期、疫苗批号和名称、免疫人员及用药记录等）等，其中一牛一免疫档案是防疫链中非常重要的一个环节，需要将奶牛的月龄、出入栏、免疫时间、疫苗种类、补针情况、免疫标识号码

---

① 赵保生.规模化奶牛场生产技术与经营管理[M].兰州：甘肃科学技术出版社，2017：265-266.

等各种详细信息记录在内，以便能够为奶牛防疫管理提供重要的信息依据，避免防疫工作开展不畅。

其次，加强员工防疫管理和进出管理，员工只有具备对应的健康合格证才能上岗工作，且每年需要进行健康检查，员工进入饲养生产区需要严格按要求穿工作服和防护用品，必须做好个人防护工作，每次进入前都需要消毒，离开饲养生产区时需要清洗干净鞋上的粪污等，更衣消毒之后才可以离开，同时员工家中严禁饲养偶蹄类动物，以免出现交叉感染。

养殖场的进出管理必须严格且长久保持，外来人员未得到养殖场负责人允许不得进入场区，经允许后也要进行详细登记、消毒、领取一次性进场服装等，并在接待人员陪同下进入，离开时需将所有进场所穿戴牧场物品交还，之后进行集中处理；车辆同样需经养殖场负责人允许才能进入场区，进入前需进行彻底消毒，驾驶员需穿着养殖场下发的防护服入场，在出现畜禽疫情防控期间要禁止任何外来车辆和外来人员进入饲养生产区；所有进入养殖场的牛只都需要经过检疫并注射相关疫苗，20天后确认没有问题方可进入，淘汰牛只和出售的牛只都需要经过检疫取得合格证明后出场，死亡牛只需要做无害化处理，且在饲养生产区不得进行病畜解剖，尸体所接触的各器具和环境均需做好彻底的清洁和消毒。

最后，加强疫情发生后的防疫管理，一旦发现具有传染性的疫病，需要在24小时之内上报当地的畜牧兽医主管部门。若发生人畜共患的疫病时需要立即成立防疫小组并尽快做出确切诊断，实行封闭管理，严禁私自治疗，同时上报疫情状况，根据防疫技术规范进行恰当的处置。对于危害严重的传染病，需要在当地畜牧兽医主管部门领导下及时划区封锁，采取严格消毒污染措施，直到最后一头病牛痊愈或屠宰后两个潜伏期内无新病例出现，经过全面彻底消毒后由上级部门批准才能解除封锁。

发生二、三类疫病的病牛要采取合理的综合防治措施，包括治疗方案的制定和病牛的隔离处置等，并在降低疫病大范围传播的基础上，及时进行诊断和治疗，将损失降到最低。

（三）养殖场必要的防疫措施

养殖场的防疫措施需要从检疫、免疫、疫病监测、疫情扑灭和疫病净化、奶牛定期驱虫等几个方面着手，以预防为主实现养殖场的综合防疫，具体措施如图6-2所示。

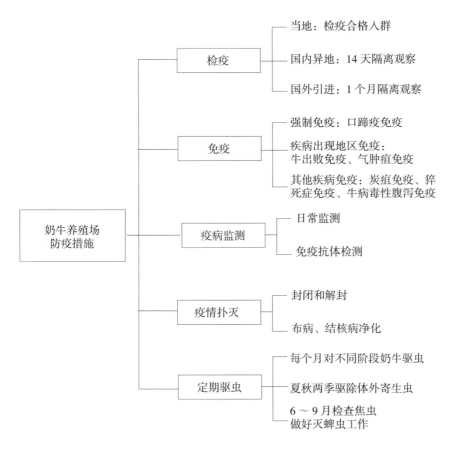

图 6-2　奶牛养殖场防疫措施

1. 引进牛只检疫

奶牛养殖场若规模较大可以坚持自养自繁殖，这样能够有效减少引进牛只和外来疫病的侵染。若必须引进牛只时，则需要对购买地情况进行了解和调查，尤其是购买地的奶牛传染病流行情况和现状，选择牛只后需要经过当地兽医卫生检疫部门的检疫，以及进行消毒、驱虫后才能引入。

国内异地引进奶牛需要提前到调入地的动物防疫监督机构办理对应的审批手续，且持有调出地县级以上动物防疫监督机构所出具的有效检疫证明，奶牛调入后需要在当地动物防疫监督机构监督下隔离观察 14 天，确认健康无疫病后方能入场。

国外引进奶牛和胚胎等，则需要按照进口检疫程序进行对应的检疫，同时奶牛进入场区需要进入隔离检疫舍饲养，1 个月后确认健康方能融入牛群，在隔离检疫舍需要重点检查各种奶牛易传染和易发的疫病。

2. 奶牛免疫

免疫是疾病发生前通过接种疫苗的手段，促使生物机体受到轻度感染从而激发出体内免疫系统产生抗体，进而形成对疾病的抵抗能力或不感受性。奶牛防疫管理中免疫是非常重要的措施之一，虽然免疫接种无法做到预防所有疾病，但多数会对奶牛群体产生严重危害的疫病通常可以通过免疫接种做到预防。通常需要按照不同地区的要求和实际情况，对规定的疫病等进行预防接种，免疫过的奶牛必须加挂免疫耳标并建立免疫档案，过程中需要注意选择适宜的疫苗和适宜的免疫程序及方法。

（1）奶牛主要免疫内容。因为不同地区的气候特征和当地的实际情况不同，奶牛的传染病种类也会有所不同，疫病流行情况也会有所不同，所以免疫程序也有差别，因此各奶牛养殖场需要根据自身实际情况和当地疫病流行状况，制订适宜的免疫计划，因地制宜地进行免疫程序。通常情况下奶牛的主要免疫内容包括以下多项，其中奶牛口蹄疫免疫是强制免疫，而奶牛布病在原则上不实施免疫。

口蹄疫的免疫主要在断奶犊牛 90 日龄左右进行第一次免疫注射，注射的剂量是成年牛的一半，犊牛 120 日龄时要进行第二次强化免疫注射，剂量同样为成年牛的一半，之后每 4 ~ 6 个月进行一次加强免疫注射；需要注意的是，成年母牛临产前一个半月、怀孕 3 个月内、瘦弱奶牛和病牛禁用口蹄疫疫苗。

炭疽疫苗的免疫期为 1 年，通常出生 1 周以上的奶牛每年 10 月份需要进行炭疽芽孢苗免疫注射，次年的 3 ~ 4 月份属于补注期。炭疽疫苗通常会在奶牛接种后 14 天左右产生免疫力，能够有效预防炭疽病的侵染。

牛出败疫苗主要用于发生牛出败的地区，可以在春季或秋季定期用牛出血性败血病氢氧化铝菌苗预防接种 1 次，若是进行长途运输，则需要在运输前加强免疫 1 次，且怀孕后期的奶牛禁止使用该疫苗。

气肿疽疫苗主要用于 3 年内发生气肿疽疫病的地区，所有奶牛不论年龄大小均需要进行疫苗注射，可在每年春秋两季注射气肿疽灭活菌苗，6 月龄以下的犊牛注射后，到 6 月龄时需加强免疫 1 次，通常注射疫苗 14 天左右产生免疫力，免疫期为 7 个月，所以 1 年需注射两次。

猝死症免疫可以使用两种药物进行注射，一种是牛羊厌氧氢氧化铝菌苗，每头注射 5 毫升，可采用皮下注射或肌内注射，该疫苗不能使用给病弱奶牛；另一种是猝死症疫苗，成牛注射 2 毫升、犊牛注射 1.5 毫升，春秋两季各进行皮下注射 1 次。

牛病毒性腹泻的免疫可以使用两种药物注射，一种是牛病毒性腹泻灭活苗，任何奶牛均可使用，且可以随时接种，通常第一次注射后经过 14 天，需要再注射 1 次；另一种是牛病毒性腹泻弱毒苗，不同阶段的奶牛接种时间不同，1 ～ 6 月龄犊牛可随时接种，空怀青年母牛则需要在第一次配种前 40 ～ 60 天左右接种，妊娠期母牛则需要在分娩后 30 天接种。

牛布氏杆菌病免疫并非硬性要求，其布氏杆菌病活疫苗对人有一定致病力，因此在为奶牛接种前需要注意个人防护，用过的疫苗瓶和器具等需要进行无害化处理。通常疫苗需要进行稀释，对 3 ～ 8 月龄的奶牛可接种 1 次标准剂量，即每头注射 600 亿 CFU（菌落形成单位）活菌的剂量，必要时可以在 18 ～ 20 月龄时再次接种 1 次减低剂量，即每头注射 10 亿 CFU 活菌的剂量，免疫期为 72 个月左右。

（2）奶牛免疫注意事项。

奶牛免疫过程中，需要选用国家批准的正规疫苗厂家所生产的疫苗，不论是运输还是保管都需要进行低温保存避免失效，通常活疫苗需要冰冻保存，灭活疫苗应在 2 ～ 8℃条件下保存。

在进行免疫前需要做好准备工作，首先需要确定疫苗接种的牛群，不论注射哪种疫苗都需要先选出 10 ～ 20 头奶牛做注射疫苗试验，确认安全后再进行整个群体的疫苗注射。免疫接种前要先对奶牛进行健康检查，需先排除体质瘦弱、老幼、怀孕后期、身体出现问题的奶牛，并进行详细记录，以便后续补种。注射疫苗时需要严格按照奶牛的耳号进行，注射时需注意将疫苗摇匀使用，在疫病流行较为严重的区域需要适当加大接种剂量。

疫苗接种时可减缓对新生犊牛和初乳喂养期犊牛的接种，此阶段犊牛已经从母体获得母源抗体，注射疫苗不仅无法达到免疫效果，还可能会产生干扰；另外，多数疫苗需要在奶牛配种前 30 天注射，以避免推迟奶牛发情和推迟受孕；干奶后期的怀孕母牛不能进行疫苗注射，以避免出现流产现象。在奶牛免疫期间需要加强营养供应，且饲养密度不能过大，以便有效提高免疫效果。

接种完毕后需要在当天对免疫过的牛群进行 2 ～ 3 次巡栏，以便检查注射疫苗的牛只有无过敏反应，巡栏时需携带注射器和肾上腺素，若发现过敏的奶牛可立即为其注射 5 ～ 10 毫升肾上腺素。

所有接种过的针头、破损注射器、手套、疫苗空瓶和残余疫苗等，需要进行集中收集和处理。

3. 疫病监测

为了能够对养殖场疫病情况进行正确诊断和分析，就需要在日常实施疫病监测和免疫抗体检测。这需要养殖场具备熟练采血的技术，通常需要在奶牛注射疫苗 21 天后采集，因为陌生人很容易造成奶牛不安，因此最好由本养殖场的职工或兽医进行操作，严格遵守兽医操作规章制度，坚持一牛一针原则，采血 3 毫升左右即可，送样的过程中最好保证血样不剧烈晃动，同时每个血样保证与奶牛耳号匹配，并详细填写记录信息，以便后续检测。

对奶牛免疫抗体检测需要在奶牛疫苗接种 21 天后进行，可随机抽样检测，根据牛群的大小，抽检率可定为 3% ～ 10%，养殖场集中采血样品要大于等于 15 头，采样后需要送到当地的动物疫病预防控制中心进行检测。

4. 疫情扑灭措施

当养殖场出现疫情后，需要及时向上级职能部门报告，上级职能部门通常会在 12 小时内赶赴现场进行诊断，并提出对应的防疫措施。

临床、检疫发现的病牛需要及时进行隔离饲养，隔离场所需要选择不易造成疫情传播的牛舍，并设置专人进行饲养，若病牛危害严重且无治疗价值就应该在确诊后立即扑杀并进行无害化处理。可疑感染奶牛则需要先进行隔离观察，并在观察期间进行临床检查，出现症状的视为病牛并采取相应的处理措施；未知病牛、可疑感染奶牛接触的奶牛可设为假定健康奶牛，需立即进行免疫接种，必要时需要转移到安全场所进行饲养，若后续无病牛和可疑病例出现则转为健康奶牛进行正常饲养。

若养殖场暴发一类传染病，需上报政府职能部门并划定疫点和疫区，对疫点和疫区进行封锁管理，区域外设置明显标志，禁止出入，特殊情况下人员出入疫点需经过批准并严格消毒。对于疫点和疫区的病牛、同群牛，需要进行扑杀并做无害化处理。最终疫区内最后一头病牛被扑杀或痊愈，14 天之后无新病牛出现，经过最终的全方位消毒并报请上级获得审批，方可解除封锁。

当养殖场出现布氏杆菌病和结核病时，需要进行疫病净化处理。养殖场出现确诊布氏杆菌病的阳性牛后，需要将患病奶牛和流产胎儿、胎衣、排泄物、所产牛奶、乳制品等按规程进行无害化处理，阳性病牛需要立即进行无血扑杀并做无害化处理，同群奶牛要进行反复监测，每次间隔 3 个月，发现阳性奶牛要及时进行处理；可疑奶牛需要进行隔离并限制其移动，之后进行布氏杆菌病诊断，若仍旧可疑则视为阳性牛进行处理，确诊为阴性也需隔离 1 个月后再次检测，为阴性后方能回群；检测出阳性牛的场所、用具、物品等需要进行严格消毒，金属设施和设备通常采用火焰和熏蒸方式消毒，牛舍、场地和车辆等需要用 10% ～ 20% 石灰乳或 2% 氢氧化钠进行彻底消毒，饲料和垫料需要焚烧处理或深埋发酵，粪污则使用堆积密封发酵的方式进行处理。

养殖场若出现确诊结核病的奶牛，凡是患病牛或因结核病死亡的牛都需要进行扑杀并做焚烧等无害化处理，针对整个牛群需要进行反复监测，间隔 3 ～ 6 个月一次，发现阳性病牛要及时扑杀并做无害化处理，直到整个养殖场的奶牛全部转为阴性，2 次监测结果均是阴性的奶牛视为结核病净化群。

疑似奶牛需要先进行隔离，距离健康牛舍 50 米以上，隔离 42 天后进行复检，若为阳性需及时处理，若仍为疑似则间隔 42 天后再次复检，结果仍为疑似则可以视同阳性进行处理；健康牛群的犊牛不仅要隔离饲养，还需在 42 日龄时进行一次监测，100 日龄后再次监测。

5. 定期驱虫

奶牛寄生虫病通常会严重影响养殖场的生产和经济效益，属于一种隐性威胁，因此为奶牛进行定期驱虫是一项非常重要的防疫管理措施，其不仅能够促进后备奶牛的健康生长发育，同时能够有效预防某些传染性疾病的发生和传播。

奶牛的饲料来源复杂，因此驱虫的时间并不固定，应该常年进行，如每个月对 2 月龄犊牛、6 月龄犊牛、当月新干奶牛、感染寄生虫病的奶牛等进行驱虫；在夏秋两季需要检查一次虱子、疥癣等体外寄生虫；在 6 ～ 9 个月需要检查一次焦虫，并做好灭蜱虫工作；常年进行犊牛球虫检查，发现后及时驱虫。

通常牛群中的泌乳牛或即将泌乳的奶牛禁止驱虫，以避免产奶质量下降和受到污染，部分泌乳牛可使用国家相关法规明确指定的驱虫药物，并严格按法规规定使用。比较常用的驱虫药物有阿苯达唑，可按每千克体重10～20毫克进行内服；也可以用伊维菌素，按每千克体重 0.2 毫克进行皮下注射，其对奶牛的绦虫、肝片吸虫、肺线虫、胃肠道虫等多种寄生虫有效。内服的药物需要确保饲喂量不能过多也不能过少，且需确保每头牛都饲喂到位，需严格控制药量，通常可以研磨后单独逐头撒入饲料，也可逐头进行人工灌服。

在使用驱虫药物后需要对服用药物或进行驱虫的奶牛跟踪观察 48 小时，驱虫后需要保证为奶牛供应清洁适量的饮水，且严密防止虫卵进入饮水池。驱虫后奶牛的粪污中会有虫卵存留，因此用药后奶牛的粪便、垫料等均需要单独收集并进行发酵无害化处理，同时各牛舍均需要进行彻底清扫消毒，以避免虫卵存留引发再次感染。

第二节　奶牛的综合保健管理

奶牛养殖场饲养着大量奶牛，其目标是通过规模化养殖实现工业化生产，将奶牛的各个生命活动阶段置于人为控制条件下进行，从而通过提高饲养管理水平来提高奶牛的生产性能，创造更高的经济效益，这就要求养殖者对奶牛进行综合保健管理。通常影响奶牛保健的主要有两类疾病，一类是传染性疾病，另一类是非传染性疾病。

通常传染性疾病的发生具有较为特定的病源和条件，可以通过日常消毒、免疫措施和防疫管理实现预防，而非传染性疾病则多数是由于生产条件、饲养条件和管理条件不到位造成的，要想减少乃至避免奶牛的非传染性疾病，养殖场就需要善待奶牛，以及在为其创造好的生活生产环境和条件，提高饲养管理水平的同时加强综合保健管理工作。对此，养殖场可以从奶牛的乳房保健、奶牛的蹄保健、奶牛的营养代谢保健和空怀牛的保健几方面着手。

一、奶牛的乳房保健

奶牛养殖的主要目的是发挥奶牛的生产性能，即最终目标是让奶牛产出高品质和高产量的牛奶，因此奶牛乳房的健康较为关键和重要，其关系着奶牛的产奶潜力以及养殖场牛奶的质量和数量，因此奶牛的乳房保健较为关键，做好该项工作能够有效减少奶牛乳房炎的发生，以及有效减少损失从而提高经济效益。

（一）奶牛乳房综合保健措施

做好奶牛的乳房保健，需要从外界环境着手，即保证牛舍、牛床、运动场、挤奶厅、牛体、乳房的清洁，使环境无污染物且干燥，同时牛舍和牛床需要减少坚硬物的存在，以避免损伤乳房。

挤奶设备需要定期维护和保养，包括挤奶系统的所有零配件、所有接触奶牛乳房的胶制品的维护和保养；做好挤奶卫生管理，进入挤奶厅的工作人员应相对固定，并坚持正确科学的挤奶程序和操作流程，把控好各个挤奶环节的流畅衔接，同时一定要坚持有效的清洁程序，包括手部清洁、乳房清洁、用具清洁、套奶杯清洁等。

6～8月气温较高，不仅奶牛热应激现象容易出现，而且随着温度的升高和气候特征，该阶段空气湿度也较大，非常利于各种病原菌和寄生虫的生长和繁殖，而且大量雨水也容易使运动场泥泞不堪，很容易造成奶牛乳房脏污，从而易引发乳房炎，因此养殖场在此阶段需要加强综合管理，包括牛舍的通风降温防暑，及时清洁牛舍和运动场，保证奶牛日粮营养供应，以限制产奶量的手段控制乳房炎发病率，调整日粮配方以提高高产奶牛维生素和矿物质供应等。

（二）奶牛乳房炎的监测和治疗

养殖场在饲养奶牛的过程中需要每个月对奶牛进行乳房炎的监测工作，对有临床表现的乳房炎采取综合防治措施，对久治不愈的乳房炎患病奶牛及时进行淘汰，以减少传染病来源；还需要进行隐性乳房炎的监测，通常在奶牛停奶前10天和停奶前3天进行，阳性奶牛需及时采取治疗，两次阳性则施行停奶，停奶后续对奶牛乳头继续药浴1周并观察乳房情况。

当奶牛进入干奶期，可以使用长效抗生素乳房灌注的手段，有效预防乳房炎的发病率，因奶牛处于干奶期所以抗生素的有效浓度会在乳房持续21天以上，能够有效消灭寄生在乳房内的传染性病原菌，也能够预防外界病原菌对乳房的侵染，需要注意的是，采取乳房灌注必须保证消毒处理，避免灌注过程中将细菌导入乳房。

奶牛群体中乳房炎很可能无处不在，因此作为饲养者必须对乳房炎发病情况和治疗手段有深入了解，通常临床性乳房炎较为直观，发现后就需要及时进行治疗。

1. 轻度乳房炎

轻度乳房炎通常表现为乳房红肿热痛，治疗需要适当限制饲料和饮水，并确保牛舍的干燥通风和清洁卫生，挤奶可适当调整频率和时间，白天可每 2 ～ 3 小时一次，夜间可每 5 ～ 6 小时一次，每次挤奶需充分清洁乳房和乳头，并按摩乳房 15 ～ 20 分钟，病初热痛期可进行冷敷，2 ～ 3 天后进行热敷，也可结合浓盐水进行湿敷。

2. 浆液性乳房炎

浆液性乳房炎主要发病于产后前几天，并多见于高产量奶牛和高胎次奶牛，属于一种急性乳腺疾病，多数是由于乳房创伤和挤奶不当造成损伤后，病原微生物葡萄球菌或大肠杆菌等侵入引起的，也有些是由子宫疾病或肠胃疾病引发的。主要症状是乳房肿胀增大，皮肤充血紧张，乳房实质较为坚硬，乳量减少，并随着病程发展乳汁变得稀薄、呈水状，食欲减退且体温升高等。

发现浆液性乳房炎需要先行减料，主要减少多汁饲料和含蛋白质较多的饲料以及精料，减轻乳房的肿胀，并增加挤奶次数，挤奶的同时对乳房进行按摩，病初对乳区进行冷敷，一天后进行热敷，每天 4 ～ 5 次，每次 30 分钟，可以使用 40 万 ～ 80 万单位青霉素，每天 2 次连续 2 ～ 4 天，分别注入病患牛的乳腺实质中，注入前需要先将乳房内的乳汁挤净。还可以匹配加用乳房绷带，将病患乳房吊起来防止其继续增大。

3. 化脓性乳房炎

化脓性乳房炎多发生在奶牛干奶期，主要是由于奶牛进入干奶期 2 周，因外部环境潮湿泥泞造成化脓性放线菌侵染，主要表现为一个或多个乳区浮肿硬实，乳汁夹杂脓液，乳区后期变软且皮肤破溃流脓。治疗需要先改善环境卫生，以青霉素和头孢菌素等药物为主，通过乳管送药并配合乳房冲洗来治疗。

4. 卡他性乳房炎

卡他性乳房炎多数是由链球菌、大肠杆菌、葡萄球菌侵染造成的，尤其在乳头黏膜受损、乳头括约肌松弛、乳房受冻时易被浸染，在病初乳房无疼痛和发热炎症反应，但随着病程深入乳头壁会变厚，输乳管会扩大，触诊乳头基部有波动的结节。

具体治疗手段需要配合增加挤奶次数，若乳房有凝块则结合按摩将凝块揉捏碎挤出，可白天2小时挤奶一次，夜间6小时挤奶一次。挤净奶后在乳腺腔或乳头腔中注入普鲁卡因青霉素溶液，可进行热敷辅助药效发挥。

5. 坏疽性乳房炎

坏疽性乳房炎主要是由坏死杆菌等腐败细菌侵染引发的，属于乳房炎的并发症，主要症状是乳房皮肤上出现红色或黑色圆形病灶，随病程发展病灶腐败分解，流出味恶臭、色泽发绿的污秽分泌物，患病期间奶牛行走时后肢会展开，甚至泌乳会停止，还会伴有食欲不振、精神沉郁的症状。

若只有病灶形成坏疽性溃疡时，先用0.1% ～ 0.3%高锰酸钾水进行冲洗，病灶处涂抹青霉素油膏，配合静脉注射抗生素等进行治疗。若严重到全身出现症状时，需要进行匹配的对症治疗。

6. 乳头管狭窄或闭锁

乳头管狭窄或闭锁通常是由外伤或炎症引发的，即因机械损伤或炎症造成乳头管黏膜结缔组织增生从而导致乳头管狭窄，排乳困难。主要症状是挤奶时只可挤出一股细乳流，甚至无法挤出乳汁，通常会见到局部症状，仔细捻转乳头会发现其乳头管粗硬或有结节，若乳头管完全闭锁不仅无法挤出乳汁，乳房还会充满，乳头有增厚变硬之处。

若属于外伤或炎症造成的乳头管狭窄或闭锁，初期可以先用导乳管将乳汁导出，之后涂抹青霉素软膏按摩乳头，促进炎症消散；若完全的器质性变化导致的乳头管狭窄则可以使用乳头管扩张器进行机械性扩大，器械需要进行严格消毒，并在挤奶前由细到粗插入乳头管，每次持续30分钟可逐渐改善。

二、奶牛的蹄保健

奶牛的蹄是重要的支撑器官，健康的蹄是奶牛健壮且高产的保证，通常奶牛蹄部患病会造成蹄部疼痛，从而缩短奶牛的采食时间，大部分时间会卧地不起从而运动量较少，很容易导致奶牛产奶量下降、身体消瘦、奶牛生产寿命缩短、出现并发疾病从而导致死亡。造成奶牛养殖场损失的疾病之一就是奶牛的蹄病，因此奶牛的蹄保健具有非常重要的作用和意义。

（一）奶牛蹄部保健基础

奶牛蹄部保健的基础是保证生活和生产环境的适宜，同时加强对应的营养调控，以便减少奶牛蹄肢疾病的发生。

1. 保证奶牛适宜的生活和生产环境

首先，牛舍、运动场、通道、挤奶厅等场所的地面需要保持平整、干净、干燥，需要避免地面太硬和用尖锐硬物铺垫地面，如水泥地面、铺设石子或炉渣等，以防奶牛站立时没有缓冲从而造成四肢疲劳，避免因地面坚硬和尖锐物加大牛蹄和地面摩擦而造成奶牛蹄部挫伤、感染。同时需要避免地面过于光滑，光滑地面易造成奶牛摔伤，导致奶牛蹄肢软组织损伤、关节扭伤等，从而出现跛行现象，尤其是在奶牛聚集的场所，包括卧床边沿、运动场、挤奶厅、通道等需要有一定坡度并设置防滑线。

其次，奶牛运动场需要及时进行粪便清扫和污水排出，以避免因为粪污未清理令牛蹄长期浸泡在粪污之中，形成真皮组织软化造成牛蹄底部感染而出现腐蹄病。

最后，需要日常对牛床、通道、运动场、挤奶厅进行尖锐杂物清理，包括石头、铁钉、螺丝、砖块、瓦片等，若不及时清理，就很容易造成牛蹄底部过度磨损从而导致挫伤、软蹄等，长时间不进行修蹄则会令牛蹄疯长最后变形，导致奶牛跛行。

2. 加强奶牛的营养调控

首先，若奶牛日粮的粗饲料量不足或粗饲料质量低劣，就会造成奶牛瘤胃酸中毒，从而在体内产生大量组胺，最终引发奶牛蹄叶炎，因此需要为奶牛提供中等质量以上的粗饲料日粮。

其次，当奶牛分娩后，雌激素和松弛素会对奶牛的盆腔肌肉和韧带造成影响，导致其松弛，也会影响奶牛蹄部悬固软组织，容易导致奶牛无力，因此在奶牛分娩后需要提供良好的卧床环境，以柔软垫草铺设卧床，保障围产牛能够舒服躺卧，从而使悬固韧带组织功能尽快恢复。

最后，若奶牛日粮中缺钙缺磷、高钙低磷、高磷低钙，即钙磷元素不均衡会导致奶牛肢蹄病发生；若日粮中缺锌会影响奶牛蹄角化，从而导致腐蹄病；若奶牛日常摄入维生素 D 不足，会引起钙磷代谢障碍，从而导致蹄部角质层硬化引发肢蹄病。因此，奶牛日粮中各维生素和矿物元素要搭配均衡且全面，以避免奶牛出现营养不均衡的情况。

（二）奶牛蹄部药浴与修蹄

奶牛蹄的日常保健，主要是蹄部药浴和蹄部修整，通过药浴能够起到预防蹄病、改善蹄部健康的作用，甚至拥有治疗蹄病的效果；蹄部修整则是为了保证奶牛蹄的蹄形，从而促使奶牛肢势良好，保证奶牛正常采食来促进生长、育肥、产奶，还可以有效减少能量消耗，不易令奶牛疲劳，能有效避免应激，且良好的蹄形还可以避免奶牛造成乳头和乳房损伤，可以有效发挥奶牛的生产性能。

1. 奶牛蹄部药浴

奶牛蹄部药浴通常在浴蹄池中，其一般会修建在挤奶厅的回牛通道中，主要有两个池，一个是清水池，一个是药浴池，两个池大小可以相同，通常宽 1.7 ～ 2 米，长 2.5 ～ 3 米，深 15 ～ 18 厘米。

清水池在前，注入清水用以清洗奶牛蹄部附着的粪污等；药浴池在后，两者相距 10 ～ 20 厘米，注入浴蹄药物用以对奶牛蹄部进行消毒，起到改善蹄部健康和预防蹄病的作用，药物可使用浓度为 5% 的甲醛或 5% 的硫酸铜药浴液，液面高度以淹没蹄冠较为适宜。[①]

奶牛蹄部药浴可以只针对泌乳牛（前提是青年牛群及干奶牛群的蹄部健康），每周可进行 3 次蹄部药浴，连续 2 次使用药物后需要进行更换，通常一个药浴池每次注入的药浴液最多为 400 头奶牛提供浴蹄服务，因此若浴蹄奶牛超过 500 头，就需要分两次进行药浴，更换药浴液的同时清水也需要进行更换。

若泌乳牛进行蹄部药浴时出现传染性蹄病，就需要将感染蹄病的奶牛蹄部病灶彻底清除，并将浴蹄频次提高 1 倍，即原本每周 3 次调整为每周 6 次；若青年牛群和干奶牛群出现传染性蹄病，占比大于 3% 时需要每隔一天进行 1 次蹄部药浴，占比小于 3% 时则每周进行 2 次蹄部药浴。

2. 奶牛蹄部修整

奶牛蹄部修整也被称为修蹄，通常成年乳牛每年需要进行 2 次修蹄来去除蹄底和蹄壁多余的角质，通常在每年 3 ～ 4 月和 10 ～ 11 月进行集中检查修蹄；奶牛进入干奶阶段或干奶后 30 天时要对其进行修蹄，尤其是患有蹄病的奶牛应该在干奶期进行修蹄和治疗，若牛群的蹄病发生率大于 2% 且蹄部变形严重时，需要视为群发性问题并进行原因分析，采取对应的防治措施。

---

① 甘肃省农牧厅.奶牛饲养技术读本 [M].兰州：甘肃科学技术出版社，2014：54-56.

奶牛养殖场可以对应成立修蹄小组，每组由 1 ～ 2 个专业修蹄保健员组成，每天每组保健员可以为 15 ～ 20 头奶牛修蹄。修蹄前需要先做蹄部检查，包括蹄的长度、形状、趾高等，正常前蹄趾长 7.5 ～ 8 厘米，后蹄趾长8 ～ 9 厘米，蹄底厚度 5 ～ 7 毫米，无论蹄如何变形都需根据蹄形具体情况决定修角质的程度，一定要避免蹄底削过薄，为保证蹄的功能要尽量少削内趾；在进行修蹄过程中，要先对患有蹄病的奶牛进行修蹄，需注意保定过程中要严禁奶牛的过度骚动，并注意避免对奶牛腹部产生撞击，以防外伤性流产。

修蹄完成后需要做好修蹄记录，包括牛耳号、牛舍、修蹄日期等，并建立对应的电子档案，完成修蹄的奶牛需要 2 周后检查一次，若奶牛蹄部有较为严重的溃烂，修蹄当天需要用 2 层绑带包扎并在次日去除。

（三）常见蹄病治疗

1. 奶牛蹄底挫伤

奶牛蹄底挫伤主要表现为蹄底角质过度磨损从而变薄，或牛蹄长期浸泡在粪污中蹄底角质变软，又因地面不平或踩踏尖锐物体造成蹄底真皮挫伤，这种变薄和挫伤会导致蹄底真皮淤血从而出现跛行。

蹄底挫伤的治疗首先需要保持牛舍粪道、挤奶通道等各行走路线的卫生，及时清除粪污和积水等，在挤奶通道还应铺设橡胶垫；对于已出现蹄底挫伤的奶牛则需要打安德烈斯绷带，每天 1 次连用 3 天，同时使用美达佳药物肌内注射，每 3 天注射 1 次，一次 20 毫升连用 2 ～ 3 次。

2. 蹄底化脓

蹄底化脓的主要症状是蹄底角质层局部糜烂波及真皮，从而病蹄无法负重，造成中度或重度跛行。对此，需用 0.1% 高锰酸钾水清洗，用 5% 碘酊消毒，然后剔除蹄底腐烂角质挖至真皮，充分排出蹄底真皮的炎性渗出物。

3. 白线裂

蹄壁角质层和蹄底角质层通常会形成一条白色分界线，也称为白线，护蹄不良时白线会裂开引起真皮感染，造成跛行。对此，需用 0.1% 高锰酸钾水清洗，用 5% 碘酊消毒，将白线裂开部分角质层挖削下去露出真皮，排出炎性渗出物后用过氧化氢冲洗，再用 0.9% 氯化钠溶液冲洗，敷青霉素粉并打蹄绷带。

4. 趾间皮肤增殖

趾间皮肤增殖主要表现为蹄部两趾间隙形成舌状突起并不断增厚增大，向蹄踵间延伸，表面会因摩擦地面而破溃感染。较小的增殖物可用高锰酸钾粉进行腐蚀去除，大的增殖物则需要先用 5% 碘酊消毒再切除，创面撒土霉素粉再包扎。

5. 蹄底角质糜烂

蹄底角质糜烂主要表现为蹄底或蹄踵角质变黑，角质腐烂形成深坑并扩散，坑处会填塞粪污泥土等。对此，需去除蹄底已腐烂角质，挖出粪污泥土等形成新面，之后涂抹 10% 碘酊，用高锰酸钾粉或松馏油填塞坑洞并打绷带。

6. 蹄叶炎

蹄叶炎也称为蹄壁真皮炎病，是蹄壁和蹄骨间真皮层和角脂层发生弥漫性渗出引发的炎症，会致使奶牛蹄部剧痛，还可能使奶牛出现慢性蹄变形。蹄叶炎通常为急性病症，但治疗不及时会转为慢性从而形成芜蹄。通常蹄叶炎是酸中毒造成的，因此出现此病症需调节奶牛瘤胃环境，降低日粮精粗比例并提高粗纤维消化率，治疗时需以降低蹄内压为主，可在蹄头穴放血后静脉注入 5% 葡萄糖氯化钠和 10% 氯化钙溶液，也可以静脉注射 5% 碳酸氢钠 300 毫升和 5% 葡萄糖 500 毫升以便清理肠道毒素。[①]

7. 蹄叉炎

蹄叉炎也称为趾间皮炎，表现为趾间炎性渗出、伴随肿胀和疼痛。对此，需要用 0.1% 新洁尔灭消毒液清洗，清理趾间坏死组织和化脓物，再用 5% 碘酊消毒，敷入脱脂棉和松馏油包扎。修好蹄后需立刻肌内注射 25 毫升百福他，隔一天注射一次，共计注射 3 次。

8. 趾间蜂窝织炎

趾间蜂窝织炎属于趾间皮下急性弥漫性化脓炎症，热痛明显会造成明显跛行，同时会伴有关节活动受限，形成 1 个或多个化脓性瘘管。对此，需要用 0.5% 盐酸普鲁卡因 30～40 毫升和 400 万单位青霉素钠在肿胀部分上方分 3～4 个点进行肌内注射，每日一次连用 3～5 天。若病蹄角质变软变色有明显痛点需进行修蹄，用 5% 碘酊消毒之后削挖软化处，排出恶臭化脓性渗出物，再用过氧化氢、0.9% 氯化钠溶液冲洗，最后敷青霉素粉和松馏油进行包扎。

---

① 杨泽霖 . 奶牛饲养管理与疾病防治 [M]. 北京：中国农业科学技术出版社，2017：128-135.

9.疣状皮炎

疣状皮炎是一种须毛瘤菌引起的癣病，会在病蹄的蹄球间长出白毛，局部会伴有皮肤炎性渗出，之后蹄球间长出类似草莓的增生物，局部渗出物呈煤焦油色并伴有恶臭，最后蹄球会萎缩造成蹄变形和跛行。对此，治疗需加强蹄浴效果，泌乳牛需在发病期间每天用 5% 甲醛药浴，连续 4 天，停 3 天再连续 4 天；干奶牛和围产牛则每天用 5% 甲醛喷雾蹄部，连续 4 天，停 3 天再连续 4 天，主要喷雾蹄球。

严重时需进行修蹄，先用 0.1% 高锰酸钾水清洗蹄球，用 5% 碘酊消毒后切除增生物，再用 5% 碘酊消毒创面，撒泰乐菌素粉或土霉素粉，外敷松馏油脱脂棉并打绷带，之后三四天每天肌内注射青霉素 1 次，三四天后换药换绷带一次。

三、奶牛的营养代谢保健

奶牛的营养代谢疾病多数在高产奶牛养殖场出现，通常奶牛在围产期体内的新陈代谢会发生较大变化，若此时能量的供应和能量的需求之间形成矛盾，就容易引起能量不均衡问题，从而引发多种营养代谢疾病，因此高产奶牛需要格外注意营养代谢保健。

（一）主要营养代谢保健手段

首先，养殖场需要每个季度对奶牛进行代谢抽样检测，对产前和产后的奶牛进行酮体测定和尿液 pH 值测定，同时需要定时测量日粮各营养物质含量以确保平衡。

其次，需要有效调控奶牛瘤胃的环境，保持其稳定性，可以通过调整日粮粗饲料比例来调控瘤胃内环境，通常日粮中精粗饲料比例不得高于 3 : 2，要确保粗纤维供应。

瘤胃中较适宜微生物群存活的 pH 值为 6.4 ～ 6.8，调控 pH 值需要通过日粮物理结构搭配、中性洗涤纤维含量调控、饲喂方式调整、缓冲剂添加等方式完成；同时需要调整瘤胃保持在适宜的温度和渗透压，较适宜的温度为 39 ～ 40℃，确保饮水清洁新鲜，保证饮水量充足有效缓解渗透压升高。

另外，需要为瘤胃微生物群提供平衡的营养素，尤其需注意能氮平衡和氮硫平衡，氮硫比最好保持在 14 : 1。

（二）常见代谢病的预防和治疗

因为高产奶牛体内营养代谢多数处于急剧变化状态，所以瘤胃适应变化滞后、产后能量不均衡等可能会造成营养代谢疾病，这就需要对应的手段进行预防和治疗，以下介绍几种较为常见的营养代谢病的预防和治疗方法。

1. 酮病

酮病多数是因为奶牛分娩后大量泌乳令体内营养和糖分不断排出，导致体内能量负平衡而储备脂肪大量分解，最终丙酸减少从而酮体增高引发的。酮病主要有两类，Ⅰ型酮病通常由饲料不足引发，易产生于产后 2 ～ 6 周的体况偏瘦奶牛中，表现为血酮高血糖低，肝糖原高，肝脏无病理变化；Ⅱ型酮病通常是由于干奶期或怀孕期母牛日粮能量水平过高造成奶牛过度肥胖而引发的，表现为食欲不振、精神沉郁、血酮高血糖低，肝糖原低，有脂肪肝变化等。

预防酮病需要降低能量负平衡持续时间和严重程度，避免奶牛体况过肥和过瘦，过度肥胖的牛群需要调整日粮配方，在调整日粮后需要避免饲喂急剧变化，需通过逐步变化给予瘤胃适应时间。

酮病治疗主要需要提高血糖浓度，可以采用代替疗法，即用 50% 葡萄糖 500 毫升进行静脉注射，但需要重复注射，为增加生糖物质还可以内服丙酸钠 100 ～ 200 克，每日 1 ～ 3 次连续 1 周，内服甘油 200 ～ 500 毫升、丙二醇 100 ～ 250 毫升，每日一次连用数日，内服乳酸钙 200 ～ 400 克，每日一次连用 3 天；也可采用激素疗法，即肌内注射肾上腺皮质激素 200 ～ 600 单位，促使糖皮质类固醇分泌，有效维持血糖较高浓度的时间。

2. 乳房水肿

奶牛乳房水肿主要是因为流向乳房的血液大于流出的血液量；血管通透性和血蛋白浓度增加，造成乳腺细胞空隙液体积累；摄入过量钠和钾也会造成乳房水肿。

主要表现为奶牛乳房皮肤充血且膨胀，或乳房皮肤增厚，甚至渗出清凉淡黄色液体等。典型的乳房水肿四个乳区都会被侵害，乳头出现水肿且皮肤发凉，产乳量少但精神和食欲正常，长时间乳房水肿会造成产奶量大幅下降且乳房皮肤增厚；严重的乳房水肿会波及奶牛后躯和四肢，迫使病牛后肢张开运动困难，因水肿和运动摩擦会造成乳房股内侧溃烂。

产后控制精料供应量，减少多汁饲料喂养和限制饮水，多供应优质干草等，均能够令水肿逐渐消退。轻度乳房水肿可以使用刺激剂涂抹，如樟脑软膏、碘软膏、松节油等，其能够有效促进血液循环；对于长期反复发作的乳房水肿，需要配合中药消肿散冲服，连续多日可有效调整体内营养均衡。

3. 产乳热

产乳热主要的特征和结果就是严重低血钙，同时可能出现低血磷和低血镁，同时低血钙还是诱发病牛一些病症的源头，如胎衣不下、子宫内膜炎、皱胃移位等。通常产犊后母牛每天约有 30 克钙的额外流失，钙元素缺乏就易导致严重的问题，因此维系钙平衡是非常重要的预防和保健手段。

通常需要从围产期前 21 天开始调整饲料配方，注重调整阳离子和阴离子差，并施用阴离子盐矿物添加剂，当日粮精料为 4 千克时加阴离子盐 8%～9%，当日粮精料为 3 千克时加阴离子盐 10%～12%，当日粮精料为 2 千克时加阴离子盐 15%～19%，直到产犊为止。同时需要降低日粮中钠盐和钾盐的含量，多使用低钙日粮，可用苜蓿、豆科植物、青贮玉米等。

对于临床缺钙的奶牛，可以使用钙剂疗法，注射钙剂时需要放缓速度，且补钙要充足，常用的是 20%～25% 葡萄糖酸钙液 500～800 毫升，或 2%～3% 氯化钙 500 毫升进行静脉注射，每天 2～3 次；若钙剂疗法效果不佳则说明奶牛可能缺磷或钙磷比例失调，可用 15% 磷酸二氢钙 200～500 毫升或硫酸镁注射液 150～200 毫升进行注射，与钙剂交替使用。若病牛体温升高时可先使用 5% 葡萄糖、0.9% 氯化钠溶液和抗生素等，待其体温恢复正常再行补钙，这样能够有效促进该病的痊愈。

也可以使用乳房送风法，即通过乳房送风令乳房膨胀内压增高，起到有效抑制泌乳的效果，减少钙磷流失，促进奶牛全身血压升高解除抑制状态。此方法通常是用酒精对乳头和乳头孔消毒，再将消毒后的导管插入并向内打气，为防止跑气可将乳头用绷带系紧，打入气体量需要令乳房皮肤紧张且乳区界线明显为止，气体不足或过量都会影响效果，通常打气半小时后奶牛即可苏醒站立。

四、空怀牛的保健

奶牛的生殖健康是奶牛养殖场保证发展和再生产的基础，当奶牛生殖保健不利时就很容易造成奶牛生殖疾病发病率过高，从而空怀牛数量增加，严重影响养殖场的生产效益和经济效益。空怀期主要指的是奶牛产后到配种之间的时间，通常持续时间为 50 天，空怀牛则指的是产后 180 天无法妊娠的奶牛。减少养殖场空怀牛的量，需要从两个角度着手。

（一）日常保健措施

减少空怀牛的日常保健措施主要有以下几项。

第一，加强饲料营养，保证营养均衡。通常营养不良和营养水平不平衡都会对奶牛的发情、受胎率、生殖系统功能、内分泌平衡等造成影响，因此在饲养过程中必须根据奶牛不同阶段的不同生理特征和生产阶段要求，科学合理地制定饲料配方，保证精粗饲料的合理搭配，保证奶牛营养均衡，从而有效发挥出奶牛的生产性能。

第二，配种后要及时发现空怀牛。若配种三次以上仍未能妊娠的奶牛，需要在配种前检查其卵泡发育情况，根据卵泡发育情况精确配种时间，之后进行跟踪检查，配种 12 小时后查看是否排卵，若未正常排卵则进行复配，在配种后需要进行肌内注射促排 3 号 50 微克，在配种 24 小时后进行清宫。

第三，实行必要的产后监控。从奶牛分娩开始到产后 60 天，需要对产后母牛实行生殖功能的全面监控。以便及时发现奶牛的生殖系统疾病和繁殖障碍，及时进行处理和治疗，促进产后母牛生殖机能快速恢复。

第四，提高奶牛的发情检测率和配种率。对此，需每日坚持 3 次发情观察，以便提高母牛发情检测率，发现不发情或乏发情的母牛需要及时治疗，通常这类情况发生与营养搭配关系重大，所以需要及时调整奶牛的营养水平和饲养管理模式；若发现母牛出现不发情或乏发情是因为繁殖障碍引发的，则需要进行正确诊断后使用匹配的药剂催情，如三合激素、孕马血清促性腺激素、氯前列烯醇等。

（二）有效减少高产奶牛繁殖障碍

奶牛的繁殖障碍指的是奶牛暂时性的不孕或永久性的不孕，在高产奶牛中较为普遍的有持久黄体和黄体囊肿、卵巢静止、卵泡囊肿等，另外则是各种子宫炎等，造成繁殖障碍通常是因为繁殖技术失误、饲养管理不当和生殖系统疾病，需要采用科学的饲养管理和严格的繁殖技术操作，并对产后母牛进行重点监控，及时发现生殖系统疾病予以治疗，这里主要介绍生殖系统疾病的治疗。

若奶牛出现持久黄体和黄体囊肿，可以使用 0.4 毫克氯前列醇钠注射液

（PG）进行肌内注射，3 天后复查奶牛是否发情，发情奶牛可配种，若未发情则使用开殖器检查，在 1 周后再注射一次 PG，若再次处理后 12 天仍未发情，可以颈部肌内注射 100 微克促性腺激素释放激素，再过 7 天继续颈部肌内注射 0.4 毫克 PG，发情后即可配种。

若奶牛出现卵巢静止，可使用 10 毫升三合激素进行肌内注射，3 天后发情但无卵泡则不能配种，在下一发情周期通常会正常发情；也可使用孕马血清促性腺激素 1 000 单位进行肌内注射或促性腺激素释放激素 100 微克进行肌内注射；或可以使用促卵泡素 100 ～ 200 单位或促排 2 号 100 ～ 400 微克进行肌内注射。

若奶牛出现卵泡囊肿，可以使用绒毛膜促性腺激素 2 500 ～ 5 000 单位进行静脉注射，或使用绒毛膜促性腺激素 5 000 ～ 10 000 单位进行肌内注射，通常使用后 1 ～ 3 天症状会消失，若 1 周后症状依旧存在可重复用药一次。

第三节　奶牛的疾病防治管理

奶牛养殖场比较常见且危害较为严重的疾病主要有三大类，第一类是呼吸道疾病，第二类是腹泻疾病，第三类是猝死疾病和中毒。

一、奶牛常见呼吸道疾病的防治

牛呼吸道疾病是奶牛养殖中常见的一种传染病，通常具有发病快且传染快的特点。

（一）奶牛支原体病

奶牛支原体病是一种由支原体引起的呼吸系统疾病，引发奶牛支原体病的支原体有很多种，包括丝状支原体、牛鼻支原体、差异支原体、殊异支原体等。支原体病常见于各个生长阶段的奶牛，不过不同阶段奶牛感染后会有不同的症状，如犊牛感染主要表现为肺炎和关节炎，泌乳牛感染主要表现为乳腺炎、肺炎和关节炎等。

支原体病主要通过飞沫传播和脐带传播，造成其发病率高的原因多数是牛舍通风效果不佳、空气不流通等，高发期多处于犊牛断奶前后。

　　犊牛支原体肺炎主要表现为精神沉郁和食欲减退，初期体温会升高至40℃以上，中后期会恢复正常或比正常略高，外在症状是气喘、咳嗽、没有鼻液分泌，若伴发巴氏杆菌感染或肺炎链球菌感染则会出现脓性鼻涕，犊牛病死率达到50%以上，常有伴发感染从而加重病情，易令养殖场产生较大损失。

　　犊牛支原体关节炎主要表现为精神沉郁且吃奶减少乃至不吃奶，多发于犊牛8～15日龄，外在症状是前肢或后肢的一个或数个关节肿胀疼痛、关节屈伸困难、变形严重、肿胀严重，关节囊内无积液也不化脓，关节软骨和韧带会变性乃至坏死。

　　奶牛支原体疾病需要做到早诊断、早隔离、早治疗，即要在犊牛未发病时就进行药物预防，通常可以连续3天使用泰乐菌素或诺必达进行肌内注射。还要对牛群进行及时观察，发现后及时进行隔离治疗，避免疾病形成范围传染，发病后通常选用泰乐菌素和诺必达进行肌内注射，同时补充维生素A、D、E，维生素每头牛注射2～3次即可。

（二）奶牛肺炎链球菌病

　　肺炎链球菌病主要是由肺炎链球菌引发的，属于一种急性、热性的呼吸道传染病，犊牛的发病率较高，能够达到27%，同时会威胁人类的身体健康。

　　犊牛感染后主要的临床症状是体温升高且呼吸快速，表现为伸舌、咳嗽、张口、流鼻涕等，也可能会转为慢性疾病，呈现出精神差、身体消瘦、被毛粗乱、生长缓慢等特征。

　　预防奶牛肺炎链球菌病需要确保牛舍的通风和干燥，以避免形成范围性疾病。若发现后需要及时进行隔离治疗，主要治疗手段是使用头孢类抗生素，通常在治疗1～2个疗程即可痊愈，但是不能一见到好转就停药，否则会转入慢性肺炎，那样则较难治愈，严重的还会影响犊牛的生长和未来生产。

二、奶牛常见腹泻疾病的防治

　　奶牛腹泻类疾病主要有三类，第一类是大肠杆菌病，第二类是副结核病，第三类是沙门氏菌病，其主要症状是腹泻，且通常会因为腹泻产生的粪污造成污染出现传染，因此需要及时发现并采取治疗措施。

（一）奶牛大肠杆菌病

　　奶牛大肠杆菌病通常是由携带大肠杆菌的母牛产乳后，随着犊牛吃初乳时进入犊牛消化道，从而大量存在并终生存在。大肠杆菌中的一些菌株会产生细胞毒素坏死因子，从而导致犊牛出现各种病症，包括胃肠黏膜水肿、溃疡、穿孔、弥漫性腹膜炎等，严重时甚至会造成死亡。这类产生细胞毒素的大肠杆菌是 10 日龄内的犊牛出现腹泻造成死亡的主要病原。

不同生产阶段奶牛受到大肠杆菌感染后表现的症状也会有所不同。

10 日龄内的犊牛会体温升高，并呈现出四种症状，一是腹泻型，表现为排粪次数增多且呈现出水样腹泻或出血性水样腹泻，发病 2～3 天会造成犊牛重度脱水、休克、死亡；二是胃肠麻痹型，表现为排粪次数减少，仅排出带黏液的球状粪或不排粪，容易被认为是胎粪便秘，会引发犊牛弥漫性腹膜炎，4～5 天后突然死亡；三是胃肠积液鼓气型，表现为瘤胃液腐败，真胃有大量腐败液体，胃肠鼓气且积液，最终脱水、休克、死亡；四是肠毒型，通常没有临床症状，但犊牛会突然性死亡。①

断奶前犊牛感染大肠杆菌病会表现为慢性腹泻和亚急性腹泻，发病初期腹泻次数变多，经过腹泻治疗会有所减少，但粪便性状会从稀变为黏性粪便，同时身体会表现出症状，包括精神沉郁、被毛无光泽、消瘦、卧多立少、吃奶少、生长停止等，最终死亡。

泌乳期奶牛感染大肠杆菌病会表现为多种病症，包括乳腺炎、子宫炎、肠炎等，如大肠杆菌肠炎表现为体温升高、精神沉郁、反应迟钝且卧地不起，发病快且死亡率高，粪便出现异常且采食停止，心率加快眼窝下陷，最终皮肤温度降低导致休克死亡；大肠杆菌乳腺炎的急性病症会在前一次挤奶时表现正常，下次挤奶时突然发病且体温高达 40～42℃，出汗并发抖严重，仅 2～3 小时后就会倒地不起，体温降至 37℃以下，心率提高到每分钟 100～120 次，3～5 小时后死亡；大肠杆菌急性子宫炎则通常会在泌乳牛产后 6～12 天发生，表现为子宫内蓄积和排出恶臭的棕红色稀薄性液体，体温快速升高，重症会呈现采食量降低、产奶量下降等，多数发生在出现死胎、双胎、难产、流产、胎衣不下的奶牛身上。

预防奶牛大肠杆菌病，需要在奶牛接产时严格遵守操作规程，并严防新生犊牛口腔污染，及时处理好产房的卫生和消毒，犊牛卧床垫料需要勤更换，并严格对喂食犊牛的初乳和常乳进行消毒和无污染饲喂。在母牛产

① 杨泽霖.奶牛饲养管理与疾病防治 [M].北京：中国科学技术出版社，2017：159-161.

前 30 天和产前 15 天接种大肠杆菌多价疫苗用以预防。通常大肠杆菌类腹泻的对症疗法有补充电解质、纠正代谢性酸中毒液体疗法、抗生素疗法等，可针对性选择适合的方法对感染的病牛进行治疗。

（二）奶牛副结核病

奶牛副结核病也被称为副结核性肠炎，其突出的表现是顽固性腹泻和逐渐消瘦，属于一种慢性传染病，病牛有时不会有明显症状，但会从粪便中排出大量病菌，也会随乳汁和尿液排出，被带有病菌的污水污染的草料、饮水等，其中的病菌能够通过奶牛消化道进行侵入，有些母牛还可以通过子宫直接传染给犊牛。其潜伏期长达 6 ～ 12 个月甚至更长，即使感染后也通常会在 2 ～ 5 岁才会表现出明显的临诊症状。

感染奶牛副结核病的奶牛早期症状是间歇性腹泻，并逐步转化为经常性腹泻、顽固性腹泻，排泄物通常稀薄且恶臭，带有明显的气泡、血凝块等；早期奶牛的食欲正常精神良好，之后会随着病情深入而食欲减退，身体消瘦，最终泌乳量减少至完全停滞，皮肤粗糙且被毛粗乱，体温无剧烈变化但会失去饲养和生产价值。

有时感染副结核病的奶牛腹泻会停止，排泄物恢复正常体重也有所增加，但之后会再次出现腹泻，通常饲喂青绿多汁饲料会加剧腹泻症状，若腹泻不停止会在 3 ～ 4 个月身体衰竭而亡。

因为多数病牛在感染后期才会出现症状，因此后期用药物治疗已无太大意义，因此副结核病主要依托于预防。这就需要饲养过程中加强管理，给予幼年牛充足的营养来增强抵抗力，尽量不要从疫区引进奶牛。若牛群中曾经出现过病史，需要将牛群定位为假定健康牛群并注意观察，可每隔 3 个月进行一次检查，连续三次检查合格方为正常牛，不合格或临床症状明显的奶牛则通常进行隔离后分批扑杀，做无害化处理。

对于曾出现病史的牛舍和各种用具，包括栏杆、饲槽、绳索、水槽、运动场、卧床等，都需要使用生石灰、漂白粉、苛性钠等消毒液进行喷雾或冲洗，确保消毒彻底，粪便应该进行高温发酵充分腐熟后用作种植肥料。

（三）奶牛沙门氏菌病

奶牛沙门氏菌病也称为副伤寒，通常临诊表现是肠炎和败血症，会造成怀孕母牛流产，也会造成人畜共染，甚至受到污染的产品还会造成人的食物中毒。奶牛沙门氏菌病各个阶段奶牛均可能感染，但 30 ～ 40 日龄的犊牛最易感染，主要感染源是病畜和带菌牛，其主要通过粪尿、乳汁、排出的胎水、胎衣等污染饮水、日粮等造成传染。

成年牛感染呈现为散发状态，但犊牛发病会呈现出流行性传播。成年牛感染后主要表现为食欲废绝、呼吸困难、40～41℃高体温、体力渐衰等，多数发病12～24小时之后粪便会带有血块，不久变为下痢，恶臭且含有黏液团或有黏膜排出，下痢后体温变正常或稍高，并在1～5天死亡，若病期延长会出现脱水和消瘦症状，其中一些病理会逐渐恢复，如产量降低、发热和食欲废绝消失24小时后，症状消退。

犊牛通常在10～14日龄时发病，初期体温可达到40～41℃，24小时后会排出灰黄色液状粪便，其中夹带黏液和血丝，出现病症后5～7天死亡；若牛群中有带菌母牛，犊牛会在出生48小时表现出拒食和卧地不起，3～5天后死亡。犊牛感染有时死亡率会达到50%，有时也会多数自发恢复。

奶牛沙门氏菌病的防治需要通过保持饲养环境卫生来消除发病诱因，对犊牛使用副伤寒疫苗，以起到预防作用；感染的奶牛可以用氯霉素、呋喃唑酮、土霉素等进行治疗。该病会造成人类感染，尤其是食用带菌奶牛产品，未经过充分加热消毒就易发生中毒，潜伏期通常7～24小时，也有可能会潜伏数天，症状出现时会突发高烧、伴有头痛恶心、呕吐腹痛和腹泻等，需及时进行治疗。

三、奶牛猝死疾病和中毒的防治

（一）奶牛猝死疾病的防治

奶牛猝死疾病通常表现为发病急且病程短，死亡快且死亡率高等特性，通常症状不会特别明显，经常来不及治疗就会死亡，因此对养殖场危害较大，因无征兆出现就会突然死亡所以称为猝死疾病。引发奶牛猝死疾病的原因很多，本书主要介绍三类。

1. 应激综合征引发的猝死

奶牛在受到外界环境变化和影响时有可能引发应激反应，在应激反应下奶牛的神经系统和内分泌系统会出现剧烈变化，有时就会引起奶牛猝死。较为常见的是注射口蹄疫疫苗时出现的猝死，注射疫苗后5分钟就会发病，表现为站立不稳、呼吸急促、全身肌肉痉挛、乳房青紫色等，持续不到10分钟就会死亡。通常注射完疫苗需要观察奶牛状态，若发现临床反应需马上用肾上腺素抢救。

2. 缺硒引发的猝死

硒是奶牛身体中必需的微量元素之一，尤其我国的西北地区总体属于硒缺乏地区，饲养奶牛过程中就可能因为缺硒引发心力衰竭最终导致死亡，且多数是急性病例。

缺硒引发的主要症状是健壮奶牛先出现局部肌肉战栗，之后面积逐渐扩大，眼神过度灵敏且精神极度紧张，反刍停止且四肢无力；犊牛通常在 3～7 周龄发病，症状主要表现为初期身体僵硬和衰弱，之后麻痹并呼吸紧迫，无力吃奶，同时伴有腹泻和心率加快。急性病症通常是前边战栗，在发病 20 分钟左右就会死亡，死亡前伴有鸣叫；慢性病症通常是后边战栗，有一定治疗价值，主要是补充适量硒和维生素 E，并大量补充水分进行消炎，犊牛可使用 0.1% 亚硒酸钠溶液 5 毫升肌内注射，成年牛用 15～20 毫升肌内注射，可视病情间隔 1～2 天再注射 1～3 次。

3. 奶牛魏氏梭菌病

奶牛魏氏梭菌病主要是由 D 型产气荚膜梭菌引发的，是奶牛的一种急性毒血症，发病时间主要在春秋两季，犊牛、高产牛和怀孕牛发病较多，主要症状是奶牛采食后不久会突然倒地，四肢划动如游泳，哞叫几声后就会快速发病死亡，通常会伴随惊恐、口吐白沫或暗红泡沫，全身肌肉抽搐颤抖，肩部和臀部肌肉颤抖明显。

奶牛魏氏梭菌病发病快死亡率高，因此诊治困难，以预防为主，通常以预防接种效果较佳，即使用奶牛魏氏梭菌灭活疫苗接种，同时加强养殖场的饲养管理，保持牛舍和牛体的清洁卫生，并定期消毒，这样能够有效预防此病。

（二）奶牛霉菌毒素中毒的防治

奶牛饲养过程中，奶牛采食霉变饲料或原料后就容易造成中毒，霉菌毒素主要存在于霉变的饲料中，其中毒素主要有黄曲霉毒素、赭曲霉毒素、烟曲霉毒素、玉米赤霉烯酮、呕吐毒素等，通常粗饲料收获和制作以及贮存时操作不当或天气影响，就可能造成毒素产生。

预防奶牛霉菌毒素中毒，需要严格控制饲料原料的含水量和贮存手段，通常饲料原料的水分含量要求是，干草类水分在 12% 以内，玉米、高粱和稻谷水分在 13% 以内，豆科植物和饼粕、次粉、麦类、糠麸类、甘薯干类水分在 13% 以内，棉籽饼粕、菜籽饼粕、花生仁饼粕、鱼粉、骨粉等水分在 12% 以内，颗粒饲料水分控制在 12.5% 以内，贮存温度可以比室温高 3 ～ 5℃。贮存仓库管理需要控制好温度和湿度，必须做好防漏防水，其中相对湿度必须控制在 70% 以下，且原料仓库应定期进行熏蒸消毒，同时通风良好，贮存原料和饲料时不能直接让其接触地面或墙壁，及时清理被污染的原料和饲料，以避免配置日粮造成奶牛中毒。

若发现奶牛确诊霉菌中毒，需要在清理霉变饲料的同时，在新日料中每千克加入制霉菌素 50 万国际单位，饮水中加入硫酸铜，保持比例为 1 ：3 000，同时为奶牛补充维生素和氨基酸等，提升奶牛自身的免疫功能。

第七章

牛奶质量提升
管理技术

第一节　奶牛的泌乳生理及牛奶指标

养殖场饲养奶牛的最终目的是通过挖掘和发挥奶牛的生产性能，得到高产量和高质量的牛乳，并以此实现经济效益。也就是说，奶牛饲养过程中不能一味地提升奶牛产奶量，还需要有效提高牛乳的质量，因此养殖场需要了解奶牛的泌乳生理、牛奶的成分及指标、奶牛的异常乳。

一、奶牛的泌乳生理

奶牛的泌乳生理主要涉及奶牛乳房的发育和结构、奶牛的泌乳机制和奶牛的泌乳规律。

（一）奶牛乳房的发育和结构

1. 奶牛乳房的发育

奶牛的乳房发育早在胚胎时期就已经开始，在胚胎状态的第二个月时乳头就会开始形成，从胚胎发育到出生后 6 个月时，公、母奶牛的乳腺尚无明显差别。

犊母牛从 6 月龄开始，乳腺的腺体组织和脂肪组织就会在雌性激素的影响下开始增长，到初情时母牛乳腺的导管系统开始发育，并逐步形成分支复杂的细小导管系统，但此时乳腺泡尚未形成。整个过程中，随着乳腺的腺体组织和脂肪组织的增长，母牛乳房的体积也开始迅速增大。9 ～ 10 月龄的母牛在性成熟之后，乳房中分泌牛奶的细胞和组织就会快速生长发育，之后会在母牛进入妊娠期产生二次发育。

母牛进入妊娠期时乳腺组织发育速度开始加快，乳腺导管的数量再次增加，且每个导管末端开始形成尚无分泌腔的乳腺泡；到妊娠中期时，母牛乳房中的乳腺泡会形成真正的分泌腔；到妊娠后期时，母牛乳房中的乳腺泡的分泌上皮细胞开始具备分泌机能，乳房的功能也就达到了活动乳腺的标准状态，即具备了产乳的基本功能。

在较为科学和合理的饲养管理条件下，奶牛能够达到 6 个胎次的高产乳量，在前 5 胎时奶牛乳房中的细胞大小和数量会不断上升，产奶能力也会相应得到提高，最终在第 5 胎次后产奶性能达到巅峰。奶牛在每次产奶期中会不断泌乳，平均每年能够达到 305 天，长时间的泌乳活动会造成乳腺泡体积逐渐缩小，其中细小的乳腺导管也会逐渐萎缩，腺体组织也会被结缔组织和脂肪组织替代，即乳房处于疲劳状态，泌乳功能无法充分发挥，因此需要经历干奶期进行休息和恢复。

2. 奶牛乳房的结构

奶牛乳房主要包括四个独立的乳区、中间韧带、乳池和乳头，整体重量可达 50 千克，每个乳区都有一个乳头，且四个乳区合成的牛奶不会混合，因此某个乳区发病并不会影响其他乳区，四个乳区可分为前部和后部，通常前部乳房发育小于后部乳房发育。乳房主要由分泌组织和结缔组织组成，其中分泌组织的大小和分泌细胞的数量是乳房产奶能力的核心要素。

牛奶会在乳房的分泌细胞中合成，之后储存在乳腺泡、乳池和泌乳管中，其中 60%～80% 的牛奶会储存在乳腺泡和各分支泌乳管中，乳池仅储存 20%～40% 的牛奶。

奶牛的乳头是由一个乳池和一个乳头导管组成的，两者连接的地方会形成 6～10 个纵向折叠，其能够有效防止乳房炎的发生，乳头导管会被多束平滑肌包围，主要负责关闭乳头导管，其也是有效抵御外界病原微生物的主要屏障。奶牛乳房四个乳区乳头的分布、形状和大小，并不会直接决定奶牛的生产水平，其只是决定是否适合机械挤奶的条件。通常较为均衡的奶头会对称分布在各个乳区，各乳头间距离为 8～15 厘米，最适宜机械挤奶的乳头长度为 7～9 厘米，直径为 2～3 厘米。

一个发育良好的乳房通常具有 20 亿个乳腺泡，每 10～100 个乳腺泡会构成一个乳腺小叶，分泌细胞分泌的牛奶会经过各分支乳导管汇集到乳池并由乳头排出。

（二）奶牛的泌乳机制

牛奶的形成，主要是通过挤奶或吮吸乳头，其中对压力较为敏感的神经末梢被激活，从而将外界的机械刺激传导到母牛大脑的脑下垂体，促使脑下垂体释放催产素，催产素会经过血液进入乳房，催产素会引发乳腺泡周围肌肉上皮细胞收缩，从而将乳房中存储的牛奶挤压到乳导管和乳池中，最终排出。

母牛的泌乳期中牛奶的分泌量并非恒定不变，通常刚挤完奶时乳房的内压较低，为了平衡内压，牛奶的分泌速度较快，随着牛奶不断分泌储存在各个乳导管、乳腺泡腔等，乳房内压会不断提高，从而会有效抑制牛奶的分泌速度，若不进行挤奶活动，压力平衡的情况下牛奶的分泌就会停止。

挤奶的过程是仿效犊牛吮吸乳头，通过机械刺激促使奶牛持续泌乳，因此科学合理的挤奶活动能够刺激各种影响奶牛采食、胃肠活动的激素，从而有效提高奶牛的采食量并将营养转化为牛奶。这种机械刺激导致牛奶排出的作用被称为排乳反射，在奶牛两次挤奶期间会分泌大量牛奶并储存在乳房中，若仅靠挤奶的挤压只能将乳池和部分乳导管中的牛奶排出，大部分牛奶依旧存在于乳房各处的乳腺泡和分支导管系统中。这就需要借助排乳反射的作用来辅助奶牛排乳，通常需要对乳房和乳头进行按摩刺激，按摩刺激 45 ～ 60 秒左右会形成一个排乳反射阶段，持续时间为 7 ～ 8 分钟，挤奶时必须根据这种特性进行，这样不仅能够达到最大挤奶量，而且不会对奶牛乳房造成损伤。

不同的奶牛品种，乳房的形状和功能会有不同的排乳速度，通常排乳良好的乳牛能够在 3 ～ 5 分钟完成挤奶，排乳速度约为每分钟 2 ～ 2.5 千克，较为理想的排乳是在 6 ～ 7 分钟完成挤奶，排乳速度为每分钟 1.5 ～ 2 千克，较差的需要 10 ～ 12 分钟才能完成挤奶，排乳速度为每分钟 0.6 ～ 0.8 千克。奶牛饲养过程中，挤奶是一项非常重要的工作，只有在挤奶前通过手法激活奶牛的排乳反射，才能够达到较为理想的排乳速度，从而充分挖掘出乳牛乳房的产奶性能。

（三）奶牛的泌乳规律

奶牛的泌乳量和质量并非完全恒定的状态，不同泌乳月会有不同的产奶量，不同胎次和年龄也会有不同的产奶量，同时不同的挤奶时间和挤奶规律也会影响乳牛的产奶量。

通常奶牛分娩后产奶量呈逐步上升再逐步下降的泌乳规律，会在第 2 个或第 3 个泌乳月达到最高峰的产奶量，一般高产牛产奶量的上升幅度会比较大，且高峰期持续时间较长，产奶量的下降速度也较慢。

另外，初产乳牛身体尚未发育成熟和完善，因此泌乳能力较差，产奶量会比高峰胎次产奶量低 80% ～ 85%，之后随着年龄和胎次的增加产奶量逐步提高，并在第三胎或第四胎达到最高产奶量，多数乳牛会在第五胎或第六胎时产奶量出现大幅下滑，有些高产奶牛在科学饲养管理的条件下，产奶高峰胎次甚至能够持续到第八胎。

通常乳牛的乳腺活动在夜间更为频繁，即夜间乳牛分泌乳汁较多，所以清晨乳牛的产奶量会高于其他时间，一般可以在早晨 5～6 点挤奶，较为科学的挤奶频率是保证挤奶间隔时间相等，这样能够最大限度地发挥乳牛的泌乳功能，产奶量也较大，可以每隔 8 小时挤奶一次，也可以每隔 12 小时挤奶一次，视不同奶牛品种和体况进行合理调整。

二、牛奶的成分及指标

牛奶是一种乳白色或白色或微黄色的不透明胶性液体，主要由水、乳糖、蛋白质、脂肪、磷脂、维生素、盐类、酶类等多种成分组成，是非常优质的营养食品，被人称为"完全营养食物"，即牛奶中的营养几乎能够被人体全部消化吸收且无废弃。

（一）牛奶的主要成分

虽然不同的奶牛品种和个体差异，以及泌乳期、年龄、气候的影响，会对牛奶产生一定的影响，但牛奶的主要成分均较为稳定，受到影响的主要是牛奶中的脂肪和蛋白质含量。

牛奶的主要成分包括以下几项：含量最多的是水，占据牛奶的 87%～89%，其中的水包括自由水、结合水、膨胀水、结晶水等；牛奶中含有 4.6%～4.8% 的乳糖，牛奶之所以有轻微甜味就是因为乳糖，在牛奶中乳糖全部呈溶解状态；牛奶中含有 3.5%～4.2% 的脂肪，是一种消化率极高的食用脂肪，不仅颗粒小而且熔点低，很容易被人体消化吸收，消化率能够达到 97% 左右；牛奶中还含有 2.8%～3.8% 的蛋白质，主要分为酪蛋白和乳清蛋白两部分，其中酪蛋白占牛奶蛋白质总量的 80% 左右，主要以酪蛋白酸钙的形式存在，乳清蛋白则占牛奶蛋白质总量的 20% 左右，主要溶解于乳清之中，乳蛋白质中包含了 8 种人体必需但无法自身合成的氨基酸，也被称为全蛋白，其有助于人体肌肉组织的发育，对成长发育阶段的儿童、青少年较为重要。

除以上物质外，牛奶的成分还包括丰富的无机盐，即矿物质元素，包括钙、镁、钾、铁、磷、钠、硫、锌、锰等，其中含有丰富的活性钙，较为适合人体吸收；另外，牛奶中还含有多种酶类，如水解酶（磷酸酶、淀粉酶、半乳糖酶、酯酶蛋白酶）、氧化还原酶（过氧化物酶、过氧化氢酶、醛缩酶、黄嘌呤氧化酶）、还原酶（氧化酶、还原酶）等；牛奶中还含有丰富的维生素，包括维生素 A、维生素 C、维生素 D、B 族维生素等。

（二）牛奶的主要指标

牛奶对应的主要指标包括理化指标、微生物指标、污染物限量、兽药残留限量、抗生素限量和农药残留限量几个方面。其中，兽药残留限量涉及具体药物，不同药物残留限量有所不同，具体可查阅《食品安全国家标准 食品中兽药最大残留限量》（GB 31650—2019）；农药残留限量涉及具体农药，不同农药残留限量有所不同，具体可查阅《食品安全国家标准食品中农药最大残留限量》（GB 2763—2019）。其他指标具体内容如表 7-1 所示。

表 7-1　牛奶的主要指标要求

指标内容	项目	指标要求
理化指标（《食品安全国家标准 生乳》GB 19301—2010）（仅适用于中国荷斯坦牛，挤乳 3 小时后检测）	冰点	−0.500 ～ −0.560℃
	相对密度	≥ 1.027 20℃ /4℃
	非脂乳固体	≥ 8.1 克 /100 克
	蛋白质	≥ 2.8 克 /100 克
	脂肪	≥ 3.1 克 /100 克
	杂质度	≤ 4.0 毫克 / 千克
	酸度	12 ～ 18° T
微生物指标	微生物限量	≤ 200 万 CFU/mL
	黄曲霉毒素 M_1	≤ 0.5 微克 / 千克
污染物限量	铅	≤ 0.05 毫克 / 千克
	汞	≤ 0.01 毫克 / 千克
	砷	≤ 0.05 毫克 / 千克
	铬	≤ 0.3 毫克 / 千克
	亚硝酸盐和硝酸盐	≤ 0.4 毫克 / 千克
抗生素限量	任何抗生素	抗生素不得检出

三、奶牛的异常乳

正常牛奶的成分和性质均较为稳定，但当奶牛受到一定因素影响时，如气候、饲养管理、疾病、泌乳阶段等，可能会造成牛奶的成分和性质出现一定变化，这种和正常牛奶有所不同的牛奶被称为异常乳，多数不适合加工成乳制品。奶牛的异常乳主要包括以下几种。

（一）生理异常乳

生理异常乳主要是因为奶牛生理阶段不同或营养条件影响下所造成的异常乳，主要包括初乳、末乳和营养不良乳。

初乳是母牛产犊后 1 周内所分泌的牛奶，通常呈现黄褐色、味苦且黏度大，有一定异臭，其成分和物理性质与普通牛奶差别很大，不适宜作为一般乳制品生产的原料，但初乳的营养非常丰富，不仅含有丰富的维生素和活性物质，还含有大量母源免疫抗体，可以作为特殊乳制品的原料。

末乳指的是乳牛在干奶期前 1 周左右所产的牛奶，其中除脂肪之外，其他成分要比普通牛奶含量高，其具有一定微咸且微苦的味道，且其中的酯酶活性较高，带有一定脂肪酸败味，并且微生物数量较高，也不适宜作为乳制品的原料。

营养不良乳指的是因为饲料不足而营养不良的乳牛所产的牛奶，此类牛奶对皱胃酶几乎不凝固，因此不能制造干酪，只有给营养不良的乳牛饲喂充足饲料加强营养后，奶牛才能够产出普通牛奶。

（二）化学异常乳

化学异常乳主要指的是正常生理阶段和营养供应条件下奶牛所产的成分有所异常的牛奶，主要有以下几种。

第一，酒精阳性乳，这是一种能够与 68% ～ 70% 酒精发生反应出现凝结现象的牛奶的总称，分为高酸度酒精阳性乳和低酸度酒精阳性乳两类。高酸度酒精阳性乳是一种滴定酸度较高，会与 68% 酒精发生反应并凝固的牛奶，其通常是因为养殖场环境卫生不良、牛奶保管不利、运输不当、储存器物消毒不严、未及时冷却等造成牛奶中的细菌大量生长和繁殖，乳糖成分分解为乳酸从而令乳酸升高、蛋白质变性形成的；低酸度酒精阳性乳则是牛奶的滴定酸度正常，乳酸含量不高，会与 70% 酒精发生反应并凝固的牛奶。

酒精阳性乳发生后，奶牛的乳房和所产牛奶无法通过直接观察察觉到异常，牛奶的成分也和正常牛奶没有差异，但经过酒精试验就会出现异常，主要预防手段就是加强饲养管理并改善养殖场环境卫生，减少各种应激因素，实施严格规范的挤奶管理，并注重牛奶的储存。

第二，低成分乳，这主要指的是一种乳固体含量过低的牛奶，通常是由于营养配比不科学、气候高温多湿、不科学的饲养管理等因素影响造成的，需要从加强奶牛育种改良和实施科学合理饲养管理进行改善。

第三，混入异物乳，其指的是混入了原本不存在物质的牛奶，包括因为牛体污染偶然混入的异物，以及人为混入的异物，如加水、加碱、加防腐剂等。

（三）其他异常乳

通常情况下，若养殖场环境卫生条件符合标准，乳牛所产的牛奶也含有各种微生物，但其中的微生物数量均是少量。若养殖场环境卫生无法达标，挤奶厅和养殖场环境之中的微生物或挤奶工人手部的微生物侵染牛奶，就会出现微生物污染乳。

当奶牛出现乳房炎或感染各种影响牛奶质量的疾病后，所产的牛奶就可能含有结核菌、口蹄疫病毒、炭疽菌、结核菌等，甚至具备一定传染性，就属于病理异常乳，发现这类异常乳都需要弃去。

第二节　奶牛的挤奶管理技术

奶牛的挤奶管理是奶牛饲养过程中较为重要的一项工作，一切牛奶的产出和把控牛奶的质量都需要依托于挤奶管理技术，因此养殖场必须制定适合自身的挤奶操作流程、挤奶操作规程、相关工作操作规程等，以便实现快速、优质完成奶牛挤奶，并最大限度地保证生鲜牛奶的质量。随着规模化奶牛饲养的发展，奶牛养殖业的潜在生产力开始得到挖掘和发挥，因此规模化奶牛饲养是奶牛养殖业生产力不断提高的必经之路。此处涉及的挤奶管理技术也以匹配规模化养殖的机械化挤奶技术为主。

奶牛的挤奶管理主要涉及的内容有三项，第一项是挤奶过程管理，第二项是器械清洗与维护，第三项是生鲜牛奶的贮运。

一、挤奶过程管理

根据泌乳牛的泌乳生理特征，挤奶最好按照较为严格准确的时间和阶段进行，整个挤奶过程中主要涉及以下几项，分别是挤奶人员的分配与管理、奶牛挤奶舒适度管理、科学正确的挤奶操作流程等。

（一）挤奶人员的分配与管理

不同头数的泌乳牛所形成的不同规模的奶牛养殖场，挤奶过程中所需要的人员数量也会有所不同，但只要形成一定规模，挤奶过程中就必须配备挤奶主管、挤奶班长、挤奶工、赶牛者、化验员等。其中，挤奶主管主要负责分配人员和协调挤奶工作，做好挤奶前的各项准备工作，总结上班次挤奶过程中的问题等，同时需要熟悉各种养殖场安全常识，负责生鲜牛奶的综合管理、贮藏、运输等相关辅助工作。挤奶班长则主要负责挤奶器械和挤奶工的工作安排及管理，并和上班次班长交接清楚，尤其是了解清楚挤奶设备情况、乳房炎奶牛、上班次挤奶牛的头数，以及各项工作记录。在挤奶班长当班前需要提前配置泌乳牛的药浴液，准备挤奶工所使用的各项工具，检查各项设备能否正常运行，检查各阀门和奶杯情况。在挤奶开始时按标准流程以 40℃清水彻底清洗挤奶系统，保证各工具和器械能够流畅并遵守规程运行。挤奶工则需要具备熟练的奶牛饲养基本知识和挤奶技能，可以熟练掌握挤奶机的工作原理和操作流程，并对每头奶牛的基本体况、习性、特点等较为熟悉，在挤奶过程中需要严格按照挤奶操作程序进行工作，严格按设备操作要求进行操作并精心保养设备，发现设备异常要及时通知维修人员，工作要认真负责，按时按规程刷洗设备和保证挤奶场所清洁卫生，随时观察奶牛的精神情况、乳房健康状况和产奶状况，有异常要及时上报并协助处理。

只有多方共同努力，遵循认真负责的工作理念，才能够保证挤奶过程安全卫生，符合标准，也才能够保证牛奶的产量更加稳定，质量更加有保障。

根据奶牛养殖场的奶牛特性制定挤奶规程，较为科学的是每日挤奶 3次，分别为早晨 5:00、中午 12:30、晚上 7:00，确定挤奶时间后需要各方人员能够严格遵守，所有挤奶相关人员需要提前到岗，并在挤奶前 5 分钟做好所有准备工作，要保证所有挤奶相关人员穿戴工作服且卫生达标。

（二）奶牛挤奶舒适度管理

要确保奶牛的产奶量和牛奶质量，就需要为奶牛创建一个满足挤奶舒适度的挤奶环境，具体的挤奶舒适度管理可以从以下几个方面着手。

第一，合理的挤奶硬件设施，即在规划设计挤奶设施时，就需要考虑牛舍位置、挤奶厅模式，首先要满足牛舍和挤奶厅位置靠近且道路顺畅；其次需要科学设计挤奶通道，如其宽窄、防滑等符合奶牛规模且便于机械化清理，铺设橡胶垫保证奶牛踩踏舒适；最后是通道和挤奶厅需配备夏季防暑降温用的卷帘、遮阳、风扇和喷淋系统，冬季需做好防寒保暖且通风良好，确保奶牛挤奶过程的舒适度，同时在挤奶厅合适位置布置蹄浴池，确保奶牛蹄部卫生。

第二，保证养殖场的环境卫生，挤奶过程中最容易遭受的就是微生物污染，而牛奶中的微生物多数来自外界环境，因此需要通过改善外界环境卫生来有效降低牛奶中微生物的含量，这样既能够有效节省成本，也能够起到较为明显的功效，通常任何奶牛接触的环境都需要尽可能地提高卫生质量。

牛舍地面要定时清理，积粪需要及时进行收集和处理，卧床需要日常疏松，保证其舒适平整和干燥，运动场杂物需要及时清理并每天松土，通常这些工作会在奶牛前往挤奶厅时进行。

当奶牛乳房表面被污染，就会增加乳房炎的患病概率，也容易造成牛奶中体细胞急剧增加，因此挤奶前必须按照规程对牛体进行严格清洗和消毒，只有乳房和乳头干净清洁才能上杯挤奶。

挤奶厅是牛奶生产最主要的场所，同时是影响牛奶质量最关键的场所，因此一定要确保挤奶厅的干净舒适，在挤奶之前要确保挤奶厅的环境干净整洁有序，同时要对挤奶设备进行彻底清洗和消毒，挤奶操作过程中要随时保持待挤厅地面、挤奶台面、挤奶设备、输送设备、附属设备的卫生清洁，尽可能地减少污染源。通常规模化养殖场的挤奶厅会匹配一套清洗水循环利用的粪污处理系统，普遍采用的方法是用挤奶厅清洗挤奶设备和管道的污水，自动冲洗挤奶厅的地面，同时保证一批牛要冲洗一次设备和地面，这样能够有效降低微生物对牛奶的污染。

在挤奶操作过程中，相关工作人员也是重要的污染源之一，因此一定要确保每一位挤奶员都穿戴干净整洁的工作服，并定期清理工作服和防护服的污渍，挤奶之前必须严格按规程对手部进行清洗和消毒，以便减少污染源，避免对牛奶质量造成影响。

第三，采用科学正确的赶牛和放牛手段，规模化养殖场的泌乳牛较多，需要科学合理地进行排序，这样一方面能够保证牛奶的产量，另一方面能够有效避免牛奶的交叉污染。通常的挤奶顺序是初产牛、高产牛、低产牛、其他病牛、乳房炎牛。

挤奶前，赶牛工需要按挤奶顺序进行赶牛，并在规定时间内将需要挤奶的奶牛赶到挤奶厅。通常赶牛工最好能够较为固定，避免频繁换人，且赶牛时需要站在奶牛可以看到的地方进行，同时要给予奶牛一定的适应时间，温和对待所有奶牛，避免用棍棒等工具进行驱赶，以免奶牛受到惊吓，赶牛过程不能着急，需要给予奶牛排粪和排尿的时间，以及适应行动的时间。

赶牛过程中需要保证通道的畅通，减少通道上的新鲜事物，包括阳光驳点、水坑、新鲜物品等，这些容易引发奶牛好奇从而聚集造成交通堵塞，通道中要尽量让奶牛平稳行走，不能高声吆喝，避免奶牛应激。在进入待挤厅要减少驱赶门推挤奶牛，通常驱赶门的压力设置以一个人反向用力即可停止较好；在赶牛过程中发现任何异常都需要及时上报和反馈，包括奶牛蹄病、地面破损、水槽漏水或无水等，同时需要观察整个牛群的状况，有异常奶牛需要及时上报兽医进行检查。

放牛是奶牛挤奶结束后回归牛舍的过程，挤奶工需要及时和赶牛工进行沟通，以避免奶牛混群、错还、漏还、跑牛等，要保证奶牛能够无损返回原来的牛舍。

（三）科学正确的挤奶操作流程

保证科学正确的挤奶操作流程是避免损伤奶牛乳房、把控牛奶质量的前提，挤奶工需要严格按规程进行挤奶操作，具体的流程主要有8项，可参照下图（图7-1）。

验奶是正式挤奶之前确保牛奶质量的重要一步，即将乳池中前三把奶挤出来弃掉，通常采用人工挤奶弃奶，从挤奶到擦拭要控制在12～15秒，前三把奶通常含有大量细菌，因此弃掉能有效保证整罐牛奶的质量。同时挤出前三把奶的过程中还可以对奶牛乳房和乳头是否出现病变进行检验，及时发现乳房炎奶牛和乳头坏死奶牛等，从而令奶牛得到及时的治疗；另外，挤前三把奶需要对乳头进行初次按摩，能够刺激乳头从而令奶牛分泌催产素，以便形成排乳反射，有利于后续挤奶。若验奶时乳头较脏，挤奶员需要马上将手洗净，再挤下一头奶牛。

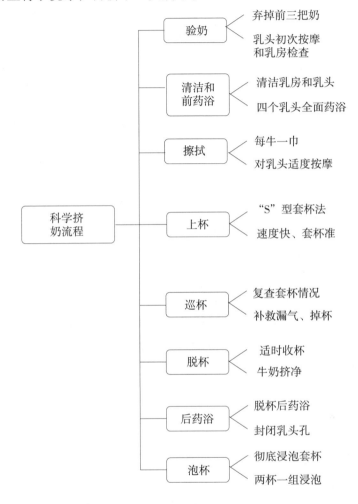

图 7-1　奶牛科学合理的挤奶流程

清洁和前药浴是套杯前的重要程序，即通过清水将粘有污物的奶牛乳房和乳头清洗干净，然后用 0.5% 的聚维酮碘对乳头进行药浴消毒，要确保每个乳头能够全面彻底进行药浴，药浴液需要在乳头形成滴水状并包裹乳头，浸泡深度要达到乳头三分之二，保证乳头在药液中停留 30 秒，若较脏的乳头清洗后可适当延长药浴时间进行彻底消毒。

当乳头在药浴液中保持 30 秒后，需要用干毛巾或干净卫生纸对乳头药液进行擦拭，要保证每头牛一块毛巾，擦拭时先擦前乳头后擦后乳头，擦拭过程中要适当对乳房和乳头进行二次按摩，加强排乳反射。

擦拭干净后进行上杯，通常采用"S"形套杯法，要保证在 60 ～ 90 秒内上杯，操作时速度要快，且需要精准，套杯后不能有抽真空、乳头折叠、漏气等现象发生，快速准确的套杯能够有效保证奶牛的挤奶速度和产奶量。

上杯结束后需要进行巡杯，即对上杯情况进行复查，上杯后挤奶即开始，通过巡杯要及时对漏气、掉杯等情况进行补救，需要严禁空吸导致的牛奶未挤净或过度挤奶，个别产奶量较少的乳区需要在挤完奶后及时将杯拔下并用消过毒的乳头塞塞上奶杯，避免其他乳区所产牛奶受到交叉污染。

巡杯后需要及时进行收杯，避免过度挤奶，通常牛奶挤净的标准是四个乳区的剩余奶量小于 200 毫升。拥有自动脱杯功能的挤奶设备，需要定期进行检查，确保自动脱杯功能正常，同时要根据不同奶牛群体合理设置自动脱杯时间和流速，通常流速设置在每秒 100 毫升以上。

脱杯之后，要在 30 秒内对奶牛乳头进行后药浴，乳头需浸没三分之二在药液中，持续 2 ～ 3 秒，通常使用 0.75% 的聚维酮碘进行药浴，目的是用药液将乳头孔封闭起来，同时进行消毒，避免外界污染侵入；冬季若气温低于 −10℃，需要使用凡士林涂抹乳头，避免乳头被冻伤。

最后则是使用每千克 20 ～ 30 毫克的碘液彻底浸泡杯组，有效对杯组进行消毒，通常泡杯需要两个杯同时浸泡，但不能四个奶杯一起浸泡，浸泡 30 秒左右，用清水冲洗掉奶杯上残留的碘液，即可准备下一轮奶牛挤奶。

二、器械清洗与维护

器械的清洗与维护是确保每次挤奶时牛奶质量均衡、环境卫生达标的基础，只有及时清洗器械，才能确保牛奶的品质不会出现大的波动，同时不会造成奶牛乳房疾病；及时更换和维护器械，则是确保器械能够安全使用及延长使用寿命的根本。

（一）器械清洗管理

规模化的奶牛养殖场较为常用的清洗模式是应用自动循环清洗管理（CIP）系统，即原位清洗系统，虽然投入成本较高，但操作安全方便，清洗结果可靠，避免了人员手洗，不会因为作业者工作差异影响清洗效果，还可以在清洗器械的同时控制微生物量，可以有效提高器械部件的使用年限。

　　使用 CIP 系统需要挤奶结束后由专业操作人员按照系统管理要求和操作要求对各种器械进行清洗，通常清洗顺序是清水清洗、碱液（pH 值 10 ～ 12）热水清洗、清水清洗、酸液（pH 值 3 ～ 5）温水清洗、清水冲洗。养殖场可以根据清洗对象来设定清洗时间，一般流程是清水清洗 3 ～ 5 分钟、80 ～ 85℃碱液热水清洗 5 ～ 10 分钟后出水温度达 40℃以上、清水再冲洗 3 ～ 5 分钟、酸液温水清洗 5 ～ 10 分钟、清水最后冲洗 3 ～ 5 分钟，整体流程需要 20 ～ 35 分钟。

　　CIP 清洗需要进行预冲洗，通常是使用 35 ～ 40℃温水冲洗，能够清理掉管道 85% 左右的污垢，之后每一次走水时水温要求均不同，清洗完毕后需要检查清水冲洗的效果，及时对冲洗后的出水质量进行检验，并确保器械管道中没有清洗液残留，用酸碱试纸检测挤奶器中残留的水，保证没有酸和碱残留方可。

　　挤奶厅中的各种设备配件也需要按规程进行清洗，如冷缸外壁需要随时进行清洗，保证其外壁干净干燥；每天需要清洗冷缸的内壁、扶梯、冷缸颈部、冷缸扣、冷缸盖、胶垫、奶衬外壁和内壁、集乳器内壁和胶垫、输奶罐口、搅拌叶、搅拌杆、过滤网和过滤环、奶杯座、计量瓶、假乳头、三把奶杯、药浴杯、废弃奶收集桶、毛巾、过滤纱布等。其他需要拆洗的设备则可以每周清洗一次或两周清洗一次，根据不同设备情况进行恰当的清洗安排。

（二）器械定期维护保养

　　在每次挤奶开始之前，需要对挤奶设备进行检查，且每周整体检查一次各设备的紧急停止开关和安全开关，确保开关正常运作。每个月需要定期测试两次脉动，每月检查一次制冷剂压力，要确保水泵组工作正常。每半年需要检查一次制冷剂液位和冰点，确保制冷剂足够以及满足冰点要求。

　　器械中有些需要根据使用时间进行定期更换，如 3 个月更换一次短脉动管，一年更换一次长脉动管，一年更换一次奶管，半年更换一次真空泵上的皮带，一年更换一次奶泵的机械密封。

　　另外，还有一些设备和器械需要根据工作时长要求进行定期更换，如真空泵黄油需要 500 小时工作时长更换一次，压缩机机油需要 2 000 小时工作时长更换一次，空滤和油滤需要 2 000 小时工作时长更换一次。各种密封圈、胶垫、膜片、弹簧垫等也有不同的工作时长要求，因此需要根据不同器械和设备的提示寿命进行定期更换，以确保器械工作运转安全良好。

在各种器械设备中，奶衬的更换是较为重要和关键的工作，奶衬是确保挤奶器械挤奶效率的关键，通常在挤奶数达到 2 500 头或使用 6 个月后进行更换，而且其本身属于整个挤奶系统中唯一和原奶进行接触的部件，因此必须达到食品级要求，另外奶衬的尺寸需要和奶牛相匹配，这些都对奶衬提出了很高的要求，因此选择奶衬和更换奶衬时均需要特别关注，以保证质量和满足具体要求。

三、生鲜牛奶的贮运

整个挤奶环节中，最后一步虽然所占时间最少，但同样是重要的一步，而且决定着生鲜原料牛奶的最终质量，即最后的贮藏和运输。

（一）生鲜牛奶的贮藏

挤奶过程中牛奶的输送很可能会混入一些杂质，所以在输送到奶罐时需要运用牛奶过滤纸阻拦杂质，因此需要及时更换过滤纸，并随之观察过滤纸的卫生情况，及时调整过滤纸的更换时间，避免杂质积累过多影响过滤功能。

挤出的牛奶中含有的微生物量较小，但若不进行温度控制，随着时间推移和温度升高，微生物量也会快速增加，因此挤奶输送之后较重要的一步贮藏要求就是快速制冷，以保证牛奶能够快速降低温度，有效阻止微生物的繁殖，通常需要技术人员能够熟练地掌握制冷设备的操作技术，确保牛奶在 1 分钟内从常温（38℃左右）降到 2～4℃。

冷却生鲜牛奶主要有两种方式。一种是运用直冷式奶罐，即挤奶输送过来的牛奶直接进入奶罐，借助直冷式奶罐的制冷效果快速降温，过程中通常需要进行间歇性搅拌，频率通常控制在每分钟 32 转，过快容易令牛奶产生泡沫，过慢容易延长制冷增加能源消耗。不过直冷式奶罐中不断流入的牛奶会和已制冷的牛奶形成不断升温、降温、升温、降温的交混，这种温度反复变化的过程并不能很好地保证生鲜牛奶的质量。另外一种是运用板式热交换器速冷鲜奶技术，其原理是由一定形状的凸起波纹的不锈钢板与密封垫片交互叠合，之间形成细小通道，用以冷却的冰水介质会与进入的牛奶交替流经板内通道，冰水会将牛奶的热量带走从而使牛奶温度快速下降，通常使 35℃的鲜奶降温至 4℃仅需要十数秒。

（二）生鲜牛奶的运输

奶牛养殖场挤奶后，原则上要求每次挤奶后及时运输，避免不同次挤的牛奶产生混合，为防止交奶时出现交叉污染，每次输送牛奶时需要对奶泵和输奶管、储奶罐进行消毒，之后再进行牛奶输送。需要注意未打入储奶罐的残留牛奶不能与新打入储奶罐的牛奶混合。

通常需要使用具备隔热或有制冷设施的奶罐车运输牛奶，在夏季温度较高的条件下，奶罐车需要在清晨或夜间运输牛奶，整个运输过程中要保证牛奶的温度不得高于7℃，同时要防止强烈的振荡，以免因剧烈动作改变牛奶的组织状态引发变质。在运输到达目的地时要及时进行装卸，并保证新运牛奶不和其他牛奶进行混合。

运输奶罐的车在每次交奶后必须对储奶罐进行清洗消毒，需要注意储奶罐各个管道和死角的清洗消毒，直到下次储奶前再次进行清洗消毒后再打奶。

第三节　生鲜奶的质量控制技术

生鲜牛奶的质量是保证最终乳制品质量的基础和根本，因此一定要从源头控制好生鲜牛奶的质量，以确保后续加工和生产乳制品时产品的质量。影响生鲜牛奶质量的物质主要包括微生物、奶牛体细胞和抗生素、兽药残留、农药残留、外来碎屑等，所以生鲜牛奶的质量控制技术主要针对上述物质进行有效控制。

一、生鲜牛奶中微生物量的控制

生鲜牛奶中微生物的量是影响牛奶品质的关键因素之一，而奶牛养殖场则是微生物污染牛奶最初的源头，其中较主要的途径就是通过患有乳房炎的泌乳牛产奶、挤奶过程等对牛奶产生污染。

虽然被微生物污染的牛奶通过加热处理能够减缓或停止这些微生物的作用，但其中所含有的微生物和其产生的生化物质依旧会对乳制品的品质产生影响，甚至会对消费者的健康产生影响，所以提高乳制品的品质和生鲜牛奶的品质必须从源头着手，控制好生鲜牛奶中微生物的量。

（一）牛奶中微生物的种类和污染途径

牛奶中含有的微生物种类非常多，主要有细菌、真菌、病毒等，具体种类如表7-2所示。

表7-2　牛奶中微生物的具体种类（部分）

分类	菌种	主要特征	具体细菌
细菌	产酸菌	分解乳糖产生乳酸	链球菌科链球菌属中的乳酸链球菌、乳酪链球菌、嗜热链球菌
			乳球菌科明串珠菌属
			乳杆菌科乳杆菌属中的保加利亚乳杆菌、嗜酸乳杆菌、干酪乳杆菌等
	产气菌	在牛奶中生长并生成酸和气体；可在低温下繁殖，也是低温贮藏会令牛奶酸败的重要菌种；部分丙酸杆菌可以使干酪产生气孔和特有的风味	大肠杆菌
			产气杆菌
			从牛奶和干酪中分离得到的费氏丙酸杆菌和谢氏丙酸杆菌
	肠道杆菌	寄生在肠道的革兰氏阴性短杆菌，是评定乳制品污染程度的指标之一	大肠菌群
			沙门氏菌族
	芽孢杆菌	可形成耐热性芽孢	好气性杆菌属
			兼气性梭状杆菌属
	球菌	好气性居多，可产生色素	微球菌属
			葡萄球菌属
	低温菌和嗜冷菌	7℃以下可生长繁殖，可以令牛奶中蛋白质分解引起牛奶胨化，还可分解脂肪令牛奶产生哈喇味，从而引起乳制品腐败变质	假单胞菌属
			醋酸杆菌属

分类	菌种	主要特征	具体细菌
细菌	高温菌和耐热性细菌	40℃以上可正常生长繁殖的菌群，高温杀菌条件依旧能够生存	乳酸菌中的嗜热链球菌、保加利亚乳杆菌、好气性芽孢菌（嗜热脂肪芽孢杆菌）
	蛋白分解菌和脂肪分解菌	能产生蛋白酶将蛋白质分解的菌群以及能使甘油酸酯分解为甘油和脂肪酸的菌群	属于乳制品有用菌的乳酸菌，将蛋白质分解为氨和胺类从而使牛奶胨化并产生黏性的腐败性蛋白质分解菌
			荧光极毛杆菌、蛇胆果假单胞菌、无色解脂菌、解脂小球菌、干酪乳杆菌、白地霉、黑曲霉、大毛霉等
	放线菌	可依靠细胞分裂、分裂孢子、分生孢子进行增殖的菌群	分枝杆菌科的分枝杆菌属
			放线菌科的放线菌属
			链霉科的链霉菌属
真菌	酵母菌	参与乳制品生产，形成各类风味产品	脆壁酵母：可使乳糖形成酒精和二氧化碳，属生产牛乳酒和酸马奶酒的珍贵菌种
			毕赤氏酵母：使低浓度酒精饮料表面形成干燥皮膜，酸凝乳和发酵奶油中广泛存在
			汉逊氏酵母：干酪和乳房炎牛奶中广泛存在
			圆酵母：无孢子酵母，可令乳糖发酵，使牛奶和乳制品产生酵母味

分类	菌种	主要特征	具体细菌
真菌	霉菌	多数属于有害菌，会污染奶油与干酪表面等，但生产干酪时需依靠霉菌	存在于牛奶中的霉菌主要有根霉、毛霉、曲霉、青霉、串珠霉等
			和乳品有关的霉菌有白地霉、毛霉、根霉属等
病毒	噬菌体	可侵入微生物的病毒，只于宿主菌体内生长、裂殖，最终导致宿主菌破裂死亡	噬菌体会造成乳制品发酵时失败，在生产酸乳和干酪时需格外注意

微生物无处不在，不同情况下不同场所中微生物的数量也有所不同，正常状态下每毫升牛奶中含有不同来源的不同量的微生物，源自奶牛乳房的有 1～100 个，源自乳头管的有 1～1 000 个，源自奶牛乳头表面的有 1～10 万个，源自牛舍环境和空气的有 100～1 500 个，源自患有乳房炎的病牛乳房的有 1 万～2.5 万个，源自挤奶工的有 1 万～100 万个，源自机械挤奶的有 1 000～100 万个，源自机械管线清洗的有 1 000～100 万个。若能够对各源头进行严格清洗和消毒，牛奶中微生物的量就会较少，品质也就越高。

污染生鲜牛奶的途径同样多种多样，主要可以分为两大类：一类是因操作不规范造成的污染，另一类是因泌乳牛自身病患造成的污染。

因操作不规范造成的污染包括牛场环境和空气污染、乳房表面和牛体污染、挤奶人员污染、奶桶污染、挤奶机污染、过滤污染、储奶罐污染、奶槽车污染、交叉掺杂牛奶污染等，这些均是因为清洁消毒不到位，以及未严格按操作规程工作造成的污染，减少此类污染需要加强人员培训，提高环境卫生和严格遵循操作规范等。

因泌乳牛自身病患造成的污染主要包括病原菌污染、乳房炎污染、乳头管污染等，这主要是由于泌乳牛自身病患或携带的病原菌等对生鲜牛奶造成的污染，减少此类污染需要及时发现病患泌乳牛并及时采取治疗措施，加强病牛饲养管理，避免病患传播等。

（二）牛奶中微生物的主要危害

牛奶中有一部分微生物会促使乳制品的生成，并产生独具一格的风味，有些则会对奶牛和人类致病。其中,易令奶牛和人类致病的主要细菌有空肠弯曲菌、小肠结肠炎耶尔森菌、金黄色葡萄球菌、大肠埃希氏杆菌、沙门氏菌群、牛分枝杆菌、布鲁氏菌、无乳链球菌、单核细胞性李斯特菌、贝纳柯克斯体(Q 热柯克斯体,Q 热的病原体)等。

还有一部分微生物中的细菌会在加工乳制品时造成严重影响,甚至会传播疾病和造成食物中毒,具体产生危害的细菌如表 7-3 所示。

表 7-3 污染牛奶性状并对乳制品加工产生严重影响的细菌

种类	产生影响的细菌	受污染牛奶性状	对乳制品加工产生的危害
酸败乳	乳酸菌、微球菌、大肠杆菌、丙酸菌	酸度高且发酵产气,有酸臭味,酒精试验凝固	风味差且生产干酪时会出现酸败和膨胀,加热杀菌会出现凝固
黏性乳	明串球菌属、低温菌	形成黏液,造成蛋白质分解,牛奶黏性化	产生硬质干酪和稀奶油等黏质品
风味异常乳	蛋白分解菌、脂肪分解菌、产酸菌、大肠杆菌、低温菌	令牛奶产生异味、异臭,出现腐败变质	乳制品风味变坏、变质
着色乳	球菌、红酵母、低温菌	令牛奶变青、变红、变黄等	乳制品着色变质
分解乳	蛋白分解菌、脂肪分解菌、芽孢杆菌、低温菌	使牛奶陈化、碱化、皱胃酶状凝固,有脂肪分解味和苦味	乳制品易酸败,且风味不良,混杂气味
乳房炎乳	葡萄球菌、微球菌、放线菌、大肠杆菌、芽孢球菌、溶血性链球菌	使牛奶风味异常,混有凝固物,酒精试验凝固,成分不良	会造成食品中毒,传播疾病等
其他病乳	炭疽菌、结核菌、布氏杆菌	牛奶中拥有致病菌甚至有传染性	会造成食品中毒,传播疾病等

资料来源:赵保生.规模化奶牛场生产技术与经营管理[M].兰州:甘肃科学技术出版社,2017:235-236.

（三）生鲜牛奶中微生物的控制手段

生鲜牛奶中微生物的控制需要从奶牛生活环境和工作人员、挤奶和冷却、病牛等几个角度着手。

首先，奶牛养殖场的环境卫生需要做到严格把控，尤其是牛舍、运动场、挤奶厅必须保证清洁卫生，并保持通道畅通干净，避免过量饲料堆积，减少泥浆、污水、残屑的汇集，同时注意饲料虫害的发生，及时清理和处理奶牛粪尿，确保牛床整洁干净，夏季需要每周进行灭蝇管理，日常清理牛舍、水槽、食槽等，并实施标准化、程序化消毒处理，各工作人员的工作服需定期进行消毒清洗，并保证对挤奶员进行定期体检。在管理过程中要确保专人走专道，避免交叉污染，各场所的入口消毒系统必须严格执行并规范管理。

其次，挤奶过程中必须保持设备良好且清洁卫生，专业人员需定期对挤奶系统器械进行评估、维护、更换；挤奶需要严格遵守科学正确的挤奶程序，各个流程务必流畅且到位；完全按规程进行各器械设备、奶牛乳房的清洗和消毒，认真记录挤奶记录、挤奶机日常清洗记录、器械维护记录、器械安全运行表等；确保挤奶员和挤奶时间稳定规律；等等。

挤奶后对牛奶的冷却和贮存需要严格按规程进行，尤其是奶泵、输奶罐、储奶罐用后及时清洗消毒，可派专人对储奶罐温度进行定时监控并记录，确保运输车具备隔热或制冷设备；牛奶运输过程中必须保证温度不得高于7℃，必须保证每小时升温低于1℃；牛奶运输到位需及时进行装卸，避免牛奶温度升高，输送完牛奶必须及时对储奶罐进行彻底清洗和消毒。

最后，要加强奶牛饲养过程中的检疫和防疫，避免病牛的牛奶和健康牛奶的交叉混合。患有乳房炎的泌乳牛需要单独进行挤奶，并根据治疗方案妥善进行医治，将其所产牛奶丢弃直到病愈。养殖场需要每年对奶牛进行检疫，并淘汰感染布鲁氏杆菌、结核杆菌的奶牛，避免传染病的发生；同时要加强对口蹄疫和炭疽病的免疫预防，保证养殖场牛群的健康。

二、生鲜牛奶中奶牛体细胞量的控制

在生鲜牛奶中，除了含有一定量的各种微生物之外，还包括一定数量的奶牛体细胞，其中多数是白细胞（巨噬细胞、淋巴细胞、多形核嗜中性白细胞等），还包含少量乳腺组织上皮细胞等，上述占据牛奶中所含奶牛体

细胞数的 95%，另外则是乳腺组织脱落的死亡上皮细胞等。通常用牛奶体细胞数（SCC）来表示每毫升牛奶中体细胞总数，其能够反映牛奶的质量和奶牛的健康状况。

（一）牛奶体细胞量的产生机制

当奶牛被外界病菌侵入时，体内免疫系统中的白细胞就会通过变形穿过毛细血管壁集中到入侵部位，从而与病菌产生战斗，通过包围和吞噬病菌来保护机体，进入乳房的白细胞会随着乳汁排出从而导致 SCC 增加。

正常情况下，牛奶中的 SCC 会根据奶牛胎数不同而有所不同，头胎泌乳牛正常 SCC 是 10 万～ 15 万个，二胎泌乳牛正常 SCC 是 20 万～ 30 万个，三胎泌乳牛正常 SCC 是 30 万～ 50 万个，一般认为牛奶中体细胞含量超过每毫升 50 万个时就会对牛奶的品质、消费者的饮食健康等造成明显影响。因此，人们以此对牛奶的质量进行了特定的分级，中国奶业中的牛奶质量分级如表 7-4 所示。

表 7-4　中国奶业牛奶质量分级表

级别	SCC	对应牛奶质量	乳制品加工的影响
A	小于 20 万个	优质	可加工优质酸奶、液体奶、奶酪
B	20 万～ 50 万个	合格	可加工一般液态奶和酸奶
C	50 万～ 100 万个	次级	保质期短且不可加工奶酪
D	100 万个以上	异质	风味与营养变异

另外，牛奶的体细胞数量还与牛群乳房炎情况有密切的关系，两者具体的关系如表 7-5 所示。

表 7-5　SCC 与奶牛乳房炎的关系

SCC 结果	奶牛乳房状况	根据牛奶混合判断牛群健康情况
20 万个以下	正常	正常，无乳房炎
20 万～ 50 万个	隐性乳房炎	牛群中少数几头有亚临床乳房炎
50 万～ 100 万个	亚临床乳房炎	牛群中存在亚临床乳房炎

SCC 结果	奶牛乳房状况	根据牛奶混合判断牛群健康情况
100 万~500 万个	严重亚临床乳房炎	牛群中亚临床乳房炎严重
500 万个以上	临床乳房炎	牛群 50% 以上乳区感染乳房炎

（二）影响 SCC 的因素及体细胞量的控制手段

通常情况下，非感染条件下牛奶中体细胞的数量会从产后 35 天逐步上升，到产后 265 天左右每毫升体细胞数量会增加 8 万个左右，其中乳房受到细菌感染从而引起乳房炎时，体细胞数量升高较为明显。

影响 SCC 的主要因素有以下几项：一是养殖场环境潮湿、卫生差、气候不稳定、高温、蚊蝇多时，牛奶中体细胞数量会升高；二是乳房受损伤、平均泌乳天数长、产奶量低、牛群结构较老的奶牛，所产牛奶体细胞数量会较高；三是泌乳期会影响 SCC，通常泌乳牛产犊后 SCC 会较高，泌乳高峰期时 SCC 较低，临近干奶期 SCC 会达到最高；四是挤奶技术不规范、挤奶管理不到位、热应激刺激、噪声产生应激、泌乳阶段频繁转群等会造成牛奶 SCC 升高。

一般在奶牛非感染情况下，若牛奶中的 SCC 超过 25 万个，较可能也较常见的原因是挤奶技术不到位，如药浴液浸泡乳头时间不足 30 秒、浸泡乳头时未能有效覆盖乳头、未清洗乳头和擦干乳头、未遵循一牛一毛巾原则、挤奶设备功能不完善、挤奶厅环境卫生不达标等。

因此，养殖场需要根据上述影响 SCC 的主要因素，针对性地对牛奶中体细胞的数量进行控制。

首先，需要收集个体奶牛和冷缸的体细胞数，并进行记录，计算乳房炎发病率、治疗情况等，根据计算的数据确定养殖场泌乳牛群的乳腺是否存在问题；若存在问题，要及时根据 SCC 寻找对应牛群并及时进行隔离。

其次，需要评估牛群乳房炎的防治措施，包括评估挤奶系统的科学性和器械洁净度、评估挤奶程序的科学合理性、评估养殖场整体环境卫生情况、评估各阶段奶牛饲养管理状况、评估整个牛群的健康度、评估日粮营养搭配状况，通过各评估结果调整饲养管理手段，提升整个饲养过程各个流程的科学性和合理性，并定期采集 SCC 超标的奶牛信息，监测体况和病患，并进行治疗或淘汰，对挤奶系统进行定期维护来反向推动牛群乳腺健康状况好转，最终将高 SCC 奶牛进行隔离、治疗或淘汰，同时避免高 SCC 牛奶进入冷缸，获得 SCC 符合标准的高质量牛奶。

最后，针对 SCC 变化特性进行针对性饲养管理调整，当经产牛开始泌乳时 SCC 就很高，可以回顾干奶期的饲养管理和干奶药物的使用，发现问题及时进行科学调整；当奶牛泌乳期开始时 SCC 较低，但随后快速增加，可以回顾挤奶系统情况，包括挤奶流程、设备性能、挤奶厅环境卫生和牛舍环境卫生等，发现问题进行及时调整；当青年牛初产后泌乳 SCC 就很高，需回顾青年牛产前饲养管理情况，发现问题及时进行调整。

三、生鲜牛奶中其他残留物的控制

生鲜牛奶中的其他残留物的控制需要从抗生素残留、有毒有害残留物、掺杂物等各方面着手。

（一）牛奶抗生素残留物控制

牛奶中抗生素残留物标准是无抗生素残留，形成残留的主要原因通常是不遵守抗生素的休药期规定和滥用抗生素，这就需要奶牛养殖场加强对抗生素使用的管理，需要做到以下几点。

第一，配种员和兽医需要加强培训，了解并总结出抗生素通过各种用药途径后在奶牛体内的残留时间，根据残留时间和药物特性标准用药。第二，需要对牛群进行分群分组管理，不仅将泌乳牛、犊牛、青年牛等进行分群分组，还需要对有抗牛、无抗牛、干奶牛等进行分群分组管理，并详细做好记录，以避免奶牛串栏。第三，针对有抗牛进行标识管理，可根据耳号进行挂牌。第四，提高养殖场员工对抗生素的认识，可以通过兽医和配种员进行宣传和培训。第五，加强各种药品的规范管理，尤其是对抗生素的使用要做到进出相符，采购国家认证和获得兽药批准文号的抗生素。

（二）有毒有害残留物控制

有毒有害残留物主要包括农药残留物、霉菌毒素、重金属残留、激素等，要控制这些有毒有害物质被纳入奶牛体内，就需要对各种有毒有害残留物来源进行严加防范。

例如：在采购奶牛饲料饲草过程中，需要严格检验饲料饲草作物的籽实、根茎、叶等中的农药残留量，以减少奶牛对农药残留物的纳入；不对奶牛饲喂受到霉菌浸染的变质饲料和饲草，在饲喂之前对日料进行检验，发现有霉菌侵染的饲料和饲草需要追本溯源，清理所有被霉菌污染的饲料和饲草；重金属残留通常是由于环境的恶性污染或违规使用添加剂造成的，因此在建设奶牛养殖场前需要选好场地，避开被重金属污染的场地，并科学使用添加剂。

（三）掺杂物控制

有些奶站为了获得更高的经济效益，会在奶牛饲养或原料奶销售过程中，在牛奶中加入蛋白质、脂肪类物质，如米汤、豆浆、各种添加剂等，或者为了能够避免变质牛奶被废弃在其中加入抗生素、小苏打等，这就会导致牛奶被掺杂物侵染，奶源也会出现质量安全问题。

这需要在强化市场监管力度和完善法律法规的基础上，不断提高消费者、生产者、加工者的健康生态意识，积极主动监督牛奶产业市场环境，发现不符合标准的掺杂造假的牛奶或乳制品及时上报国家市场监督管理总局，促进牛奶产业的市场环境健康发展。

参考文献

[1] 赵保生.规模化奶牛场生产技术与经营管理 [M].兰州：甘肃科学技术出版社，2017.

[2] 徐晓锋，张力莉.奶牛营养代谢与研究方法 [M].银川：宁夏人民出版社，2016.

[3] 王福兆.怎样提高生鲜牛奶质量 [M].北京：金盾出版社，2013.

[4] 徐晓锋，张力莉.奶牛饲料资源利用与日粮质量监控 [M].银川：宁夏人民出版社，2018.

[5] 甘肃省农牧厅.奶牛饲养技术读本 [M].兰州：甘肃科学技术出版社，2014.

[6] 李绍钰.奶牛标准化安全生产关键技术 [M].郑州：中原农民出版社，2016.

[7] 杨泽霖.奶牛饲养管理与疾病防治 [M].北京：中国科学技术出版社，2017.

[8] 王会珍.高效养奶牛 [M].北京：机械工业出版社，2016.

[9] 宋鹏志.中国规模化奶牛养殖环境效率影响因素研究 [D].哈尔滨：东北农业大学，2021.

[10] 张运杰.影响奶牛繁殖力的因素及提高繁殖力技术研究 [D].泰安：山东农业大学，2021.

[11] 王彩利.奶牛养殖业质量安全管理对生产成本影响的实证研究 [D].保定：河北大学，2020.

[12] 宋玉锡.能量负平衡对奶牛泌乳早期繁殖性能和卵泡发育的影响 [D].大庆：黑龙江八一农垦大学，2020.

[13] 王聪.我国奶牛养殖业绿色全要素生产率及其影响因素研究 [D].哈尔滨：东北农业大学，2020.

[14] 黄靖鑫.规模化奶牛养殖场成本核算研究 [D].保定：河北农业大学，2019.

[15] 张大华.奶牛常见繁殖障碍疾病及防治措施 [J].中国乳业，2021（12）：82-85.

[16] 宋洁.奶牛常见繁殖疾病诊断与治疗 [J].中国乳业，2021（12）：86-89.

[17] 董玉龙. 影响奶牛繁殖性能的原因及调整策略 [J]. 饲料博览，2021（9）：70-71.

[18] 李磊. 奶牛繁殖的重要指标与管理要点 [J]. 现代畜牧科技，2021（9）：76-77.

[19] 佟佳媛. 提高奶牛繁殖性能的综合性措施 [J]. 现代畜牧科技，2021（8）：79，81.

[20] 周应霞. 规模奶牛场夏季奶牛保健管理的关键点 [J]. 中国乳业，2013（6）：42-44.

[21] 蒋小丰，方热军. 丁酸在动物体内的作用 [J]. 饲料工业，2008（20）：51-54.

[22] 王广银，王中华，苏从成. 全混合日粮技术在规模化奶牛养殖小区的饲养试验 [J]. 畜牧与兽医，2008，40（10）：40-43.

[23] 孙守强，常强，马海波，等. 规模奶牛场奶牛繁殖管理工作要点 [J]. 中国乳业，2021（6）：23-27.

[24] 胡新旭，卞巧，张善鹏，等. 奶牛瘤胃健康、机体健康和繁殖性能的关系 [J]. 湖南饲料，2021（3）：31-34.

[25] 张树坤，王宗伟. 生鲜牛奶质量及保障措施 [J]. 中国畜禽种业，2021，17（2）：145-146.

[26] 闫艳华，曹慧慧，董李学，等. 奶牛养殖场环境微生物群落结构及多样性研究 [J]. 畜牧与兽医，2021，53（2）：31-37.

[27] 徐杰. 奶牛繁殖障碍的发生原因、对症治疗和预防方法 [J]. 现代畜牧科技，2021（1）：59-60.

[28] 唐善林. 牛常见呼吸道疾病的认识与防治 [J]. 兽医导刊，2019（1）：35.

[29] 魏勇，王军，王志伟，等. 浅述奶牛的保健要点 [J]. 畜禽业，2018，29（12）：41，43.

[30] 麻宝恩. 生鲜牛奶的质量及保障措施 [J]. 饲料博览，2018（3）：71.

[31] 张继宏，鲁琼芬，毛华明. 饲喂全株玉米青贮与玉米秸秆青贮日粮对奶牛养殖效益的影响对比 [J]. 四川畜牧兽医，2017，44（7）：25-26.

[32] 高学杰. 高产奶牛养殖技术要点与疾病防控 [J]. 畜禽业，2022，33（3）：128-130.

[33] 许莹. 春季奶牛常见疾病防控与饲养管理技术 [J]. 乡村科技，2021，12（10）：71-72.

[34] 李长志.春季奶牛疾病防控与饲养管理措施 [J].今日畜牧兽医，2020，36（5）：57.

[35] 王岩青.冬季奶牛疾病防控技术 [J].中国畜禽种业，2019，15（3）：140.

[36] 何星.规模场奶牛疾病的防控策略 [J].畜牧兽医科技信息，2018（1）：73-74.

[37] 蒋明平.奶牛规模化养殖与疾病防控技术 [J].畜牧兽医科技信息，2017（10）：40.

[38] 安永福，王晓芳，邵丽玮，等.春季奶牛疾病防控和饲养管理指南 [J].北方牧业，2017（8）：22.

[39] 刘立元，赵越，秦建华，等.冬季奶牛疾病防控技术 [J].北方牧业，2016(1)：30-31.

[40] 杨智明，杨希.规模化牛场奶牛疾病的防控策略探讨 [J].农民致富之友，2015（16）：236.